TABLES

DES

LOGARITHMES DES NOMBRES.

TABLES

DES

LOGARITHMES DES NOMBRES

DEPUIS 1 JUSQU'A 10000; AVEC SIX DÉCIMALES.

EXTRAITES

DU DICTIONNAIRE DES SCIENCES MATHÉMATIQUES

PURES ET APPLIQUÉES,

ET PRÉCÉDÉES

D'UNE INSTRUCTION ÉLÉMENTAIRE SUR LES PROPRIÉTÉS DES LOGARITHMES

ET SUR LEUR APPLICATION AUX CALCULS LES PLUS USUELS DU COMMERCE ET DE L'INDUSTRIE.

PAR A.-S. DE MONTFERRIER,

MEMBRE DE L'ANCIENNE SOCIÉTÉ ROYALE ACADÉMIQUE DES SCIENCES DE PARIS, DE L'ACADÉMIE DES SCIENCES DE MARSEILLE, DE CELLE DE METZ, ETC., ETC.

PARIS,

AU BUREAU DE LA BIBLIOTHÈQUE SCIENTIFIQUE,

60, RUE DE VAUGIRARD,

ET CHEZ L. HACHETTE, LIBRAIRE DE L'UNIVERSITÉ, 12, RUE PIERRE-SARRASIN.

1840

OUVRAGES DU MÊME AUTEUR

COURS ÉLÉMENTAIRE DE MATHÉMATIQUES PURES, suivi d'une exposition des principales branches des Mathématiques appliquées. 2 vol. in-8°, grande justification, contenant : *l'Arithmétique*, *l'Algèbre*, *la Géométrie*, *les deux Trigonométries*, *les Calculs différentiel et intégral*, *la Géométrie analytique*, *la Statique*, *la Dynamique*, *l'Astronomie*, *la Gnomonique*, *la Catoptrique*, *la Dioptrique*, *la Perspective* et un traité *du Calendrier*. Prix : . . . . 16 fr. 50 c.

PRÉCIS ÉLÉMENTAIRE DE PHYSIQUE ET DE CHIMIE. 1 vol. in-8°, grande justification, avec planches. . . 8 fr. 25 c.

DICTIONNAIRE DES SCIENCES MATHÉMATIQUES PURES ET APPLIQUÉES. 2 vol. in-4° à deux colonnes, avec planches gravées et figures dans le texte. . . . . 32 fr.

SUPPLÉMENT *audit ouvrage*. 1 vol. in-4° à deux colonnes, avec planches. (*Sous presse.*) . . . . . . 16 fr.

IMPRIMERIE DE Mme Ve DONDEY-DUPRÉ, RUE SAINT-LOUIS, 46, AU MARAIS.

INSTRUCTION ÉLÉMENTAIRE

SUR

LES PROPRIÉTÉS DES LOGARITHMES

ET SUR

LEUR APPLICATION

AUX CALCULS LES PLUS USUELS DU COMMERCE ET DE L'INDUSTRIE.

NOTIONS PRÉLIMINAIRES.

1. On nomme en général *puissance* d'un nombre le résultat qu'on obtient en multipliant ce nombre par lui-même une ou plusieurs fois; ainsi 4 est *une puissance de 2*, parce qu'on obtient 4 en multipliant 2 une fois par lui-même; 8 est également *une puissance* de 2, parce que 2 multiplié deux fois par lui-même produit 8, et ainsi de suite.

2. Les diverses puissances d'un même nombre reçoivent les noms particuliers de *seconde puissance, troisième puissance, quatrième puissance, etc., etc.*, suivant le nombre de fois qu'il entre, comme facteur, dans leur composition. Par exemple, 4 est la *seconde puissance* de 2, 8 sa *troisième puissance*, 16 sa *quatrième puissance, etc., etc.*, parce que 2 entre *deux fois* comme facteur dans 4, *trois fois* dans 8, *quatre fois* dans 16, etc. Nous avons en effet, en employant pour abréger le signe $\times$ qui signifie *multiplié par* et le signe $=$ qui signifie *égal à*,

$$2 \times 2 = 4 \text{ (seconde puissance de 2)},$$
$$2 \times 2 \times 2 = 8 \text{ (troisième puissance de 2)},$$
$$2 \times 2 \times 2 \times 2 = 16 \text{ (quatrième puissance de 2)},$$
$$2 \times 2 \times 2 \times 2 \times 2 = 32 \text{ (cinquième puissance de 2)},$$
$$\text{etc.} = \text{etc.}$$

3. Pour éviter la répétition du signe $\times$ (*multiplié par*), on écrit à la droite d'un nombre et un peu au-dessus le nombre qui indique combien de fois il est facteur ou le *degré* de la puissance. Par exemple, la quatrième puissance de 2 s'exprime par

$$2^4,$$

et cette notation très-simple remplace le produit successif $2 \times 2 \times 2 \times 2$, de sorte qu'au lieu d'écrire $2 \times 2 \times 2 \times 2 = 16$, on écrit

$$2^4 = 16,$$

ce qu'on exprime en disant : 2 *élevé à la quatrième puissance est égal à* 16. De même,

$$5^3 = 125$$

signifie 5 *élevé à la troisième puissance est égal à* 125.

4. Le nombre multiplié par lui-même reçoit en général le nom de *base*, et celui qui exprime combien de fois il est pris pour facteur reçoit le nom d'*exposant*. Ainsi, dans l'égalité $2^4 = 16$, 2 est la *base*, 4 est l'*exposant* et 16 la *puissance*; dans l'égalité $5^3 = 125$, 5 est la *base*, 3 l'*exposant* et 125 la *puissance*.

5 Le nombre d'unités dont se compose l'exposant

d'une puissance détermine immédiatement le degré de cette puissance : c'est une *seconde puissance*, lorsque l'exposant est 2, une *troisième puissance* lorsqu'il est 3, une *quatrième* lorsqu'il est 4, et ainsi de suite.

On désigne encore communément la seconde puissance d'un nombre quelconque par l'expression de *carré* et la troisième puissance par celle de *cube*. Ainsi, au lieu de dire que 9, par exemple, est la seconde puissance de 3, et que 27 est la troisième puissance du même nombre, on dit que 9 est le *carré* et 27 le *cube* de 3. Ces dernières dénominations sont fondées sur ce qu'en géométrie la surface d'un carré est exprimée par la seconde puissance de son côté, et le volume d'un cube par la troisième puissance de son côté.

6. La notation des puissances au moyen d'exposans rend possible une foule de réductions et d'abréviations très-utiles dans les calculs. Si l'on demandait, par exemple, quelle puissance de 3 doit résulter du produit de la seconde puissance de ce nombre par la troisième, c'est-à-dire de 3^2 multiplié par 3^3, il suffirait d'observer que ce produit

$$3^2 \times 3^3$$

doit contenir, en définitive, *cinq fois* le nombre 3 comme facteur, car l'expression précédente n'est que l'abrégé de

$$3 \times 3 \times 3 \times 3 \times 3;$$

on a donc

$$3^2 \times 3^3 = 3^5,$$

c'est-à-dire que la seconde puissance de 3, multipliée par la troisième, produit la cinquième puissance de ce même nombre 3. Il en serait évidemment de même pour tout autre nombre, et l'on aurait, par exemple,

$$5^2 \times 5^3 = 5^5, \quad 7^2 \times 7^3 = 7^5, \quad \text{etc.}$$

Or, ce que nous venons d'observer au sujet des exposans 2 et 3 aurait encore lieu évidemment si ces exposans étaient de tout autres nombres : ainsi, désignant par *a* un nombre quelconque, et par *m* et *n* des exposans également quelconques, nous avons la relation fondamentale

$$(1) \dots\, a^m \times a^n = a^{m+n},$$

(le signe $+$ est celui de *l'addition*, il indique qu'il faut ajouter ensemble les deux nombres *m* et *n*), qui signifie qu'on *exprime le produit de deux puissances de même base en donnant pour exposant à cette base la somme des exposans des deux puissances*. Exemples :

$$2^6 \times 2^7 = 2^{6+7} = 2^{13},$$
$$4^3 \times 4^5 = 4^{3+5} = 4^8,$$
$$9^6 \times 9^{11} = 9^{6+11} = 9^{17}.$$

7. La division d'une puissance par une autre puissance de la même base va nous faire connaître une seconde relation fondamentale non moins importante que la précédente. Soit, par exemple, à diviser 3^5 par 3^2, ce que l'on exprime par l'une ou l'autre de ces notations

$$\frac{3^5}{3^2}, \quad 3^5 : 3^2.$$

Rappelons-nous que le but de la division est de trouver le facteur qui, étant multiplié par le diviseur, doit produire le dividende, et, par conséquent, qu'il s'agit ici d'obtenir la puissance de 3, dont le produit par 3^2 est égal à 3^5. Or, si nous désignons par x l'exposant inconnu, le facteur cherché devient 3^x, et nous devons avoir, d'après ce qui précède,

$$3^5 = 3^2 \times 3^x = 3^{2+x};$$

mais, puisque les deux quantités 3^5 et 3^{2+x} doivent être une seule et même puissance de 3, nous avons nécessairement

$$5 = 2 + x,$$

ce qui nous apprend que pour obtenir l'exposant inconnu x, il faut retrancher de l'exposant 5 du dividende 3^5, l'exposant 2 du diviseur 3^2; nous avons donc ici, en nous servant du signe de la soustraction $-$ (*moins*),

$$x = 5 - 2,$$

et, par suite,

$$\frac{3^5}{3^2} = 3^{5-2} = 3^3.$$

Généralisant cette déduction pour d'autres bases et pour d'autres exposans, nous pouvons poser, en général,

$$(II) \dots\dots \frac{a^m}{a^n} = a^{m-n}.$$

Ainsi, on exprime le quotient de deux puissances d'une même base, en donnant à la base commune pour exposant la différence des exposans des deux puissances. Exemples :

$$\frac{2^{13}}{2^7} = 2^{13-7} = 2^6,$$
$$\frac{4^8}{4^5} = 4^{8-5} = 4^3,$$
$$\frac{9^{17}}{9^{11}} = 9^{17-11} = 9^6.$$

8. L'expression générale (II) présente deux cas particuliers remarquables : le premier a lieu lorsque les exposans m et m sont égaux, ce qui donne

$$\frac{a^m}{a^m} = a^{m-m},$$

ou

$$\frac{a^m}{a^m} = a^0,$$

car la différence $m - m$ de deux quantités égales est zéro. Or, une quantité quelconque divisée par elle-même donne l'*unité* pour quotient ; donc

$$\frac{a^m}{a^m} = 1,$$

et, par suite,

$$a^0 = 1.$$

D'où il résulte que *la puissance à exposant zéro d'un nombre quelconque est égale à l'unité*.

Le second cas particulier est une conséquence du premier. L'égalité (II) devant avoir lieu quels que soient les exposans m et n, si m devient *zéro*, on a

$$\frac{a^0}{a^n} = a^{0-n},$$

et, comme alors $a^0 = 1$ et que $0 - n$ est simplement le nombre dit *négatif* $- n$, cette égalité est la même chose que

$$(III) \dots \dots \frac{1}{a^n} = a^{-n},$$

laquelle nous apprend qu'*une puissance dont l'exposant est négatif est égale à l'unité divisée par cette même puissance prise en rendant l'exposant positif.*

Pour bien comprendre cette dernière proposition, il faut savoir qu'on nomme *nombre négatif* celui qui est affecté du signe $-$ et qui possède, à cause de cette circonstance, une propriété soustractive qui doit le faire considérer comme un nombre à soustraire dans toutes les sommes où il doit entrer. Par opposition, on nomme *nombre positif* celui qui est affecté du signe $+$, ou qui n'est précédé d'aucun signe, et dont les propriétés ordinaires ne reçoivent ainsi aucune modification.

9. Nous terminerons ce qui concerne les puissances à exposans entiers en signalant une conséquence importante de ce qui précède. La suite des nombres entiers 1, 2, 3, 4, 5, etc., qu'on nomme aussi *nombres naturels*, se présente, lorsqu'on prend chacun de ces nombres soit avec le signe $+$ soit avec le signe $-$, comme une double série s'étendant à l'infini en deux sens opposés dont le point commun de départ est o,

à l'infini ..... etc. $-4, -3, -2, -1, 0, +1, +2, +3, +4$, etc ..... à l'infini.

A la droite de o sont les *nombres positifs*, à sa gauche sont les *nombres négatifs*, les uns et les autres de plus en plus grands à mesure qu'ils s'éloignent de leur commune limite. Or, si l'on prend un nombre entier quelconque positif pour base et qu'on lui donne successivement pour exposans tous les termes de cette suite immense, les diverses jouissances qui en résulteront pourront être représentées par les trois formes générales

$$a^{-m}, \quad a^0, \quad a^{+m},$$

m étant un nombre entier quelconque différent de *zéro*. Ainsi, comme a^0 est toujours égal à l'unité (n° 8) et que la puissance à exposant négatif $- m$ est équivalente à la fraction toute positive

$$\frac{1}{a^m},$$

qui est d'autant plus petite que m est plus grand, on obtiendra une série indéfinie de puissances croissant du côté des exposans positifs depuis l'unité jusqu'à l'infini, et décroissant du côté des exposans négatifs depuis l'unité jusqu'à l'infiniment petit. Toutes les puissances à exposans positifs seront des nombres entiers positifs, et toutes les puissances à exposans négatifs seront des fractions positives ; de sorte qu'en général toutes les puissances d'un nombre quelconque positif sont essentiellement positives. Il est bien entendu, d'ailleurs, que ce nombre est plus grand que l'unité; car l'unité multipliée ou divisée par elle-même, ne saurait produire d'autre nombre que l'unité. Prenant, par exemple, le nombre 2 pour base, nous aurons la suite des puissances

$$\text{etc. } 2^{-4}, \ 2^{-3}, \ 2^{-2}, \ 2^{-1}, \ 2^0, \ 2^1, \ 2^2, \ 2^3, \ 2^4, \text{ etc.}$$

c'est-à-dire,

$$\text{etc. } \frac{1}{16}, \ \frac{1}{8}, \ \frac{1}{4}, \ \frac{1}{2}, \ 1, \ 2, \ 4, \ 8, \ 16, \text{ etc.}$$

10. La formation des puissances d'un nombre s'effectue en réalisant les multiplications dont le nombre est indiqué par l'exposant ; si l'on veut avoir, par exemple, la cinquième puissance de 3, il faut se rappeler que 3^5 est identiquement la même chose que

$$3 \times 3 \times 3 \times 3 \times 3,$$

et l'on a

$$3 \times 3 = 9, \ 9 \times 3 = 27, \ 27 \times 3 = 81, \ 81 \times 3 = 243,$$

d'où l'on conclut

$$3^5 = 243.$$

Cette opération, qu'on nomme *élévation aux puissances*, conduit à une opération inverse, qui a pour but de trouver la *base* d'une puissance connue. Si l'on demandait, par exemple, quel est le nombre dont la cinquième puissance est 243, il faudrait exécuter sur ce nombre 243 une opération dont nous n'avons point à exposer ici les procédés, mais qu'il nous importe de bien caractériser pour l'intelligence de ce qui va suivre.

On donne à cette dernière opération le nom d'*extraction des racines*, parce que lorsqu'il s'agit de redescendre de la puissance à sa base, la base inconnue prend le nom de *racine*. Ici, 3 est la *racine* de 243, et notamment la *racine cinquième*.

On indique l'extraction des racines par le signe $\sqrt{\ }$, qu'on surmonte de l'exposant. Par exemple,

$$\sqrt[5]{243}$$

signifie la *racine cinquième* de 243. De même,

$$\sqrt[4]{16}$$

signifie la *racine quatrième* de 16, et ainsi de suite. Cependant, il est d'usage de ne pas écrire l'exposant des racines secondes ou carrées (n° 5), et l'on doit se rappeler que le signe $\sqrt{\ }$ sans exposant ou chiffre supérieur indique toujours une extraction de racine carrée.

11. L'extraction des racines s'indique encore en substituant au signe *radical* $\sqrt{\ }$ un exposant fractionnaire. Par exemple, les deux notations

$$\sqrt[5]{243} \quad \text{et} \quad 243^{\frac{1}{5}}$$

représentent l'une et l'autre la *racine cinquième* de 243. En général,

$$\sqrt[m]{a} \quad \text{et} \quad a^{\frac{1}{m}}.$$

sont des quantités identiques. Cette seconde notation a l'avantage de ranger les *racines* dans la classe des puissances, et comme on démontre que les relations (I), (II) et (III) ont lieu pour des exposans fractionnaires tout aussi bien que pour des exposans entiers, il en résulte que toutes les propriétés des puissances s'appliquent aux racines, considérées comme des puissances à exposans fractionnaires.

12. Les exposans fractionnaires qui ont pour numérateur d'autres nombres que l'unité indiquent une dou-

ble opération d'extraction de racine et d'élévation de puissance. Par exemple,

$$a^{\frac{2}{3}}$$

est la même chose que

$$\sqrt[3]{a^2}$$

En général,

$$\sqrt[m]{a^n} \quad \text{et} \quad a^{\frac{n}{m}}$$

représentent une même quantité. Le *numérateur de la fraction est toujours l'exposant de la puissance et le dénominateur celui de la racine.*

S'il s'agissait de trouver la valeur du nombre représenté par

$$a^{\frac{n}{m}},$$

il faudrait commencer par élever a à la puissance n, puis on prendrait la racine $m^{\text{ième}}$ du résultat, ou bien l'on pourrait commencer par prendre la racine $m^{\text{ième}}$ de a, puis élever ensuite le résultat à la puissance n. Soit, par exemple,

$$4^{\frac{3}{2}},$$

on a, par le premier procédé, d'abord $4^3 = 64$ et ensuite $\sqrt{64} = 8$; par le second, d'abord $\sqrt{4} = 2$ et ensuite $2^3 = 8$.

Dans tous les cas où les racines ne sont point des nombres entiers, on ne peut obtenir leurs valeurs que par approximation, et c'est alors que l'emploi des logarithmes offre des ressources précieuses au calculateur.

NATURE ET PROPRIÉTÉ DES LOGARITHMES.

13. On nomme *logarithme* d'un nombre l'exposant de la puissance à laquelle il faudrait élever une base quelconque pour obtenir ce nombre.

Le choix de la base étant entièrement arbitraire, on peut former une infinité de systèmes différens de logarithmes; le système vulgaire ou celui dont la base est 10 est le seul dont nous ayons à nous occuper ici. Nous nous contenterons de faire observer que les propriétés générales des logarithmes sont les mêmes dans tous les systèmes.

14. Les puissances entières successives de 10 étant :

$$10^0 = 1,$$
$$10^1 = 10,$$
$$10^2 = 100,$$
$$10^3 = 1000,$$
$$\text{etc.} = \text{etc.,}$$

Ainsi, pour élever un nombre donné à une puissance quelconque, il faut prendre son logarithme et le multiplier par l'exposant de la puissance; on cherche ensuite dans les tables le nombre qui répond au nouveau logarithme produit par la multiplication, et ce nombre est la puissance demandée.

24. Cette règle embrasse, dans toute sa généralité, l'opération de l'*extraction des racines* (n° 10), car, les propriétés des exposans étant toujours les mêmes qu'ils soient entiers ou fractionnaires, dans le cas où l'exposant m serait une fraction $\frac{1}{n}$, on aurait toujours

$$\frac{1}{n} \times \operatorname{Log} a = \operatorname{Log}\left(a^{\frac{1}{n}}\right),$$

ou, ce qui est la même chose (n° 11),

$$\frac{\operatorname{Log} a}{n} = \operatorname{Log}\left(\sqrt[n]{a}\right);$$

ainsi, *pour extraire la racine d'un degré quelconque d'un nombre proposé, on prendra le logarithme de ce nombre, et, après l'avoir divisé par l'exposant de la racine, on cherchera dans les tables le nombre correspondant au résultat; ce nombre sera la racine demandée.*

Nous éclaircirons plus loin toutes ces règles par des exemples.

DISPOSITIONS DES TABLES.

25. La première table présente les logarithmes des nombres depuis 1 jusqu'à 99. Sa disposition est évidente : la colonne marquée N offre les nombres, et la colonne marquée *logarithme* les logarithmes correspondans. On trouve ainsi, tout de suite, que le logarithme de 2 est 0,301030; que celui de 22 est 1,342423, etc. Les caractéristiques sont écrites dans cette table, mais on les a omises dans la seconde pour les raisons exposées n° 13 et 15, et qu'on appréciera mieux par la suite.

26. La seconde table se compose de onze colonnes, intitulées N, 0, 1, 2, 3, 4, 5, 6, 7, 8, 9. La première colonne à gauche, marquée N, contient les nombres naturels, depuis 100 jusqu'à 999; la seconde colonne, marquée 0, offre les logarithmes de ces nombres, ou du moins leurs parties fractionnaires, car les caractéristiques ne s'y trouvent pas. Comme chaque logarithme a ses deux premiers chiffres décimaux communs avec quelques-uns de ceux qui le suivent, on s'est contenté d'écrire une seule fois ces chiffres communs au lieu de les répéter; de sorte que, lorsqu'on ne trouve que quatre chiffres, dans la colonne 0, devant le nombre proposé,

il faut les faire précéder par le groupe isolé de deux chiffres, le plus prochain en remontant. Si l'on demandait, par exemple, le logarithme du nombre 201, devant lequel on ne trouve, dans la colonne 0, que les quatre chiffres 3196, on écrirait à la gauche de ces quatre chiffres le nombre isolé 30, qu'on rencontre le premier en remontant la colonne; la partie décimale du logarithme cherchée est donc ainsi 303196, et l'on aurait, en ajoutant la caractéristique (voy. n° 15),

$$\operatorname{Log} 201 = 2,303196.$$

27. La colonne 0 donne non seulement les logarithmes des nombres depuis 100 jusqu'à 999, mais encore ceux de tous les nombres qui sont des multiples ou des sous-multiples décimaux de ces premiers : car les nombres décuples les uns des autres ont des logarithmes qui ne diffèrent que par leurs caractéristiques. Le nombre 303196, que nous venons de trouver pour la partie décimale du logarithme de 201, est donc en même temps la partie décimale des logarithmes des nombres 2,01, 20,1, 201, 2010, 20100, 201000, etc.; c'est-à-dire qu'on a

$$\operatorname{Log} 2{,}01 \quad = 0{,}303196$$
$$\operatorname{Log} 20{,}1 \quad = 1{,}303196$$
$$\operatorname{Log} 201 \quad = 2{,}303196$$
$$\operatorname{Log} 2010 \quad = 3{,}303196$$
$$\operatorname{Log} 20100 = 4{,}303196$$
$$\text{etc.} \quad = \quad \text{etc.,}$$

et ainsi de même pour tous les autres.

28. On voit, d'après cette considération, que la colonne 0 peut être considérée comme donnant immédiatement les logarithmes des nombres 1000, 1010, 1020, 1030, etc. Pour avoir les logarithmes des nombres intermédiaires 1001, 1002, 1003, etc.; 1011, 1012, 1013, etc.; 1021, 1022, 1023, etc., il faut avoir recours aux colonnes marquées 1, 2, 3, 4, 5, 6, 7, 8, 9; celles-ci offrent les quatre dernières décimales des logarithmes des nombres terminés par ces mêmes chiffres 1, 2, 3, 4, 5, 6, 7, 8, 9, c'est-à-dire que la colonne 1 correspond aux nombres terminés par 1, tels que 1001, 1011, 1021, 1031, 1041, etc., etc.; que la colonne 2 correspond aux nombres terminés par 2, tels que 1002, 1012, 1022, 1032, 1042, etc., etc., et ainsi des autres. Demande-t-on, par exemple, le logarithme de 2475; on cherchera dans la colonne N le nombre 247, puis on prendra dans la ligne des chiffres placés devant ce nombre les quatre chiffres compris dans la colonne 5, savoir: 3575; on écrira à leur gauche le nombre 39, qu'on trouve isolé dans la colonne 0 en remontant, et l'on

aura, en ajoutant la caractéristique 3, parce que 2475 est compris entre 1000 et 9999,

$$\text{Log } 2475 = 3,393575.$$

La table présente donc immédiatement les logarithmes de tous les nombres depuis 100 jusqu'à 10000, et; ceci bien compris, il est facile de résoudre les deux questions suivantes, auxquelles on peut ramener tout ce qui concerne son usage.

29. Problème I. *Un nombre quelconque étant donné, trouver son logarithme.*

Si le nombre n'a que quatre chiffres significatifs, on cherchera les trois premiers dans la colonne N, puis on suivra de l'œil la ligne sur laquelle on les aura trouvés, jusqu'à ce qu'on soit dans la colonne qui porte pour indice le quatrième chiffre. Les quatre chiffres ou figures qui sont dans cette dernière colonne et dans l'alignement des trois premiers chiffres du nombre donné sont les quatre dernières décimales du logarithme cherché. Quant aux deux premières, on les trouvera dans la colonne o, où elles sont isolées par un point, soit immédiatement devant les trois premiers chiffres du nombre, soit en remontant jusqu'au premier groupe isolé de deux chiffres qu'on rencontre au-dessus de leur alignement. Soit, par exemple, 7568 le nombre dont on demande le logarithme; on cherchera 756 dans la colonne N, et, parcourant la ligne du nombre 756, on s'arrêtera à la colonne marquée 8, dans laquelle on trouvera 8981; ces chiffres sont les quatre derniers chiffres décimaux du logarithme de 7568. Pour avoir les deux premiers, on examinera si dans la colonne o il ne se trouve pas, dans l'alignement de 756, deux chiffres isolés des autres par un point, et comme on n'en rencontre pas, on remontera jusqu'aux premiers chiffres isolés, qui sont 87; la partie décimale du logarithme est donc 878981, et il ne s'agit plus que de lui donner une caractéristique convenable. Dans le cas du nombre entier 7568, cette caractéristique serait 3; elle serait 2 si le nombre était 756,8; 1, s'il était 75,68; et enfin o, s'il était 7,568. Nous examinerons plus loin quelles caractéristiques on doit donner aux nombres entièrement fractionnaires ou plus petits que l'unité, tels que 0,7568, 0,07568, etc.

30. Si le nombre proposé n'a que trois chiffres significatifs, on trouvera son logarithme au moyen de la seule colonne o, comme nous l'avons indiqué ci-dessus.

31. Quel que soit le nombre des zéros qui terminent un nombre donné, pourvu qu'il n'ait pas plus de quatre chiffres significatifs, on trouvera donc immédiatement son logarithme dans la table. Par exemple, si au lieu du nombre 7568 il s'était agi du nombre 756800, la partie

décimale du logarithme aurait toujours été 878981; seulement on aurait pris 5 pour caractéristique, parce que 756800 a 6 chiffres entiers.

32. Lorsque le nombre a plus de quatre chiffres significatifs, la table ne présente pas immédiatement son logarithme, mais on peut le trouver par le calcul suivant : Soit 255686 le nombre proposé; séparons par une virgule les quatre premiers chiffres à gauche, et considérons pour un moment les chiffres demeurés à droite comme des décimales, il s'agira alors de trouver le logarithme de 2556,86. Cherchons d'abord le logarithme de 2556, et prenons en même temps celui du nombre immédiatement plus grand 2557; nous trouverons, en opérant comme il vient d'être dit, et sans tenir compte des caractéristiques,

$$\text{Log } 2557 \ldots \ldots 407731$$
$$\text{Log } 2556 \ldots \ldots 407561$$

$$\text{Différence} = \quad 170$$

Maintenant, nous dirons, si la différence d'une unité entre les nombres entraîne une différence de 170 entre les logarithmes, quelle sera la différence de ces derniers lorsque celle des nombres ne sera que 0,86, c'est-à-dire que nous poserons la proportion

$$1 : 170 = 0,86 : x;$$

d'où

$$x = 170 \times 0,86 = 146,2.$$

Ainsi, ajoutant 146 au logarithme de 2556, nous obtiendrons pour la partie décimale du logarithme de 2556,86, ou, ce qui est la même chose, du logarithme de 255686, le nombre 407707, et nous aurons par conséquent

$$\text{Log } 255686 = 5,407707.$$

Proposons-nous pour second exemple le nombre 4856,359. L'ayant écrit comme il suit : 4856,359, nous chercherons dans la table les logarithmes de 4857 et de 4856, ce qui nous donnera

$$\text{Log } 4857 \ldots \ldots 686368$$
$$\text{Log } 4856 \ldots \ldots 686279$$

$$\text{Différence} = \quad 89$$

Multipliant la différence 89 par 0,359, nous aurons

$$89 \times 0,359 = 31,951;$$

cette différence 31,951 étant plus proche de 32 que de 31, nous ajouterons 32 au logarithme de 4856, et nous aurons, toujours abstraction faite des caractéristiques,

$$\text{Log } 4856,359 \ldots \ldots 686311.$$

Or, le nombre proposé étant 4,856359, la caractéristique de son logarithme est 0; ainsi

$$\text{Log } 4,856359 = 0,686311.$$

Dans les grandes tables des logarithmes, les différences forment une dernière colonne que nous n'aurions pu introduire dans la nôtre sans trop la compliquer; mais il suffit d'un peu d'habitude pour prendre ces différences à l'œil et s'éviter la peine d'écrire les deux logarithmes qui comprennent le logarithme cherché.

33. Lorsque le nombre donné est une fraction, on obtient son logarithme en retranchant le logarithme de son dénominateur de celui de son numérateur. Cette soustraction ne pouvant s'effectuer dans tous les cas où la fraction est plus petite que l'unité, il faut alors exécuter l'opération inverse, c'est-à-dire retrancher le logarithme du numérateur de celui du dénominateur et donner le signe — au résultat; on obtient ainsi un logarithme entièrement *négatif*, dont il ne faut pas perdre de vue la signification dans tous les calculs où l'on peut le faire entrer. Soit à trouver, par exemple, le logarithme de $\frac{8}{13}$, on aura

$$\text{Log } 13 = 1,113943$$
$$\text{Log } \ \ 8 = 0,903090$$
$$\rule{3cm}{0.4pt}$$
$$\text{Différence} = 0,210853$$

Donc

$$\text{Log } \frac{8}{13} = - \ 0,210853.$$

34. On peut encore exprimer de deux autres manières les logarithmes des fractions plus petites que l'unité, en attachant une signification particulière à la caractéristique. Pour cet effet, on ajoute à la caractéristique du logarithme du numérateur assez d'unités pour que la soustraction soit possible, ordinairement 10; il en résulte que le logarithme de la fraction est un nombre entièrement positif, mais dont la caractéristique est plus grande qu'elle ne devrait être; de sorte qu'après avoir employé ce logarithme dans des calculs quelconques, il faut tenir compte, pour le résultat final, de l'excédant de la caractéristique. Dans le cas de la frac-

tion $\frac{8}{13}$, nous ajouterions 10 à la caractéristique du logarithme de 8, et la soustraction donnerait

$$10,903090$$
$$1,113943$$
$$\rule{3cm}{0.4pt}$$
$$\text{Différence} = 9,789147$$

d'où nous aurions

$$\text{Log } \frac{8}{13} = \ 9.789147.$$

Le point placé après la caractéristique 9, au lieu d'une virgule, indique que cette caractéristique est trop grande de dix unités.

Si l'on veut retrancher immédiatement les dix unités dont la caractéristique 9 est trop grande, il reste une caractéristique négative — 1, et la partie décimale du logarithme demeure positive : on exprime cette circonstance par le signe — placé *au-dessus* de la caractéristique, comme il suit :

$$\text{Log } \frac{8}{13} = \overset{-}{1},789147.$$

Les trois logarithmes

$$- \ 0,210853, \quad 9.789147, \quad \overset{-}{1},789147,$$

appartiennent donc à la même fraction $\frac{8}{13}$, et c'est seulement la facilité qui peut en résulter dans la suite des calculs qu'on doit consulter pour choisir entre eux.

Si la fraction proposée était décimale, on pourrait opérer de la même manière, en rétablissant son dénominateur. Soit, par exemple, 0,086; cette fraction est la même chose que $\frac{86}{1000}$, et, partant,

$$\text{Log } 1000 = 3,000000$$
$$\text{Log } 86 \ \ = 1,934498$$
$$\rule{3cm}{0.4pt}$$
$$\text{Différence} = 1,065502$$

Ainsi

$$\text{Log } 0,086 = - \ 1,065502$$

Veut-on le logarithme sous une forme positive, on obtient, en ajoutant 10 à la caractéristique du logarithme de 86,

$$11,934498$$
$$3,000000$$
$$\rule{3cm}{0.4pt}$$
$$\text{Différence} = 8,934498$$

D'où

$$\text{Log } 0,086 = 8.934498, \quad \text{et} \quad \text{Log } 0,086 = \overline{2},934498.$$

On peut arriver immédiatement à ces derniers résultats par une observation très-simple : la partie décimale du logarithme d'un nombre dont les seuls chiffres significatifs sont 86 étant 934498, si ce nombre est 86, son logarithme est 1,934498; s'il est seulement 8,6, son logarithme devient 0,934498, et comme sa caractéristique doit toujours diminuer d'une unité à mesure que le nombre devient dix fois plus petit, il est évident qu'on a, la partie décimale du logarithme demeurant toujours positive,

$$\text{Log } 0,86 \quad = \overline{1},934498$$
$$\text{Log } 0,086 \quad = \overline{2},934498$$
$$\text{Log } 0,0086 = \overline{3},934498$$
$$\text{etc.} \quad = \quad \text{etc.}$$

Ainsi, pour trouver le logarithme d'une fraction décimale sans entiers, il faut faire abstraction des zéros qui précèdent, à gauche, les chiffres significatifs; chercher dans la table la partie décimale du logarithme, comme si les chiffres significatifs exprimaient des entiers, et donner pour *caractéristique négative* un nombre d'unités égal à celui des zéros retranchés. De cette manière, on voit tout de suite que le logarithme de 0,000086 est $\overline{5},934498$. Si l'on veut avoir un logarithme tout positif, on substitue à la caractéristique négative son *complément arithmétique* ou sa différence avec 10, abstraction faite de son signe, et il faut alors se rappeler que la nouvelle caractéristique est trop grande de dix unités.

35. Problème II. *Un logarithme étant donné, trouver le nombre auquel il appartient.*

Laissant d'abord de côté la caractéristique, on cherchera dans la colonne 0, et dans le rang des groupes de deux chiffres, les deux premières figures de la partie décimale du logarithme; les ayant trouvées, on cherchera les quatre dernières figures du logarithme parmi les nombres de quatre chiffres qui sont dans cette même colonne 0, à partir de ceux qui se trouvent en face des deux premières figures et en descendant. Si l'on trouve ces quatre dernières figures, le nombre placé sur leur alignement dans la colonne N contiendra les chiffres significatifs du nombre demandé, et il n'y aura plus qu'à le compléter par des 0 ou le partager par une virgule, suivant la grandeur de la caractéristique.

Soit, par exemple, à trouver le nombre dont le logarithme est 2,195900; ayant trouvé les deux premières figures 19 dans les chiffres isolés de la colonne 0, on descendra jusqu'à ce qu'on ait rencontré dans cette

même colonne les quatre derniers 5900, et observant alors que ceux-ci sont placés dans l'alignement du nombre 157, on en conclura que les chiffres significatifs du nombre cherché sont 157. Or, la caractéristique étant 2, le nombre cherché doit avoir trois figures aux entiers : donc ce nombre est 157. Si la caractéristique était 3, le nombre serait dix fois plus grand, c'est-à-dire 1570; comme il serait 15700 si la caractéristique était 4, et ainsi de suite. Par la même raison, le nombre ne serait que 15,7 ou 1,57 si la caractéristique était 1 ou 0.

36. Lorsqu'on ne trouve pas dans la colonne 0 les quatre dernières figures du logarithme, il faut s'arrêter à celles qui en approchent le plus *en moins*, puis suivre leur alignement dans les autres colonnes 1, 2, 3, etc., pour reconnaître si l'on n'y découvrira pas ces quatre figures. Dans le cas où on les trouverait, le nombre cherché n'aurait que quatre chiffres significatifs, dont les trois premiers sont dans la colonne N, sur le même alignement, et dont le dernier, à droite, est donné par l'indice de la colonne dans laquelle on a rencontré les quatre dernières figures du logarithme. Demande-t-on, par exemple, le nombre dont le logarithme est 0,937367? Après avoir trouvé dans la colonne 0 les deux premières figures 93, on commencera par chercher dans cette colonne les quatre dernières 7367, et comme le nombre le plus proche *en moins* qu'on y trouvera est 7016, on suivra l'alignement de ces derniers dans les autres colonnes, et on trouvera 7367 dans la colonne marquée 8; observant que sur ce même alignement répond le nombre 865 dans la colonne N, on écrira 8 à la droite de ce nombre et on aura 8658; c'est le nombre qu'il s'agissait de trouver. Observant qu'il ne doit avoir qu'un seul chiffre aux entiers, parce que la caractéristique est 0, on l'écrira : 8,658.

37. Si les quatre dernières figures du logarithme ne se trouvent ni dans la colonne 0 ni dans les autres colonnes 1, 2, 3, etc., le nombre demandé n'est pas compris dans les limites de la table, et l'on ne peut trouver immédiatement que ses quatre premiers chiffres significatifs, en s'arrêtant au logarithme qui approche le plus *en moins* du logarithme proposé. Soit, par exemple, le logarithme 0,497150; il est facile de reconnaître que ce logarithme est entre les logarithmes 0,497058 et 0,497206, dont les nombres correspondans donnés par la table sont 3141 et 3142, ou 3,141 et 3,142, en ayant égard aux caractéristiques. Nous savons ainsi tout de suite que le nombre demandé est plus grand que 3,141 et plus petit que 3,142, de sorte que nous pouvons prendre l'un ou l'autre de ces nombres pour sa valeur approchée à moins d'un millième d'unité près. Lorsqu'on veut avoir une approximation plus grande, ou qu'on demande six à sept chiffres significatifs, il faut

exécuter sur les différences des logarithmes une opération inverse de celle que nous avons indiquée ci-dessus (32), et, pour cet effet, il faut se procurer d'abord la différence entre le logarithme proposé et le logarithme de la table qui en approche le plus *en moins*, ainsi que la différence de ce dernier avec celui qui le suit immédiatement dans la table. Nous aurions toujours, abstraction faite des caractéristiques,

$$\begin{aligned}
&\text{Log proposé} \ldots \ldots \quad 497150\\
&\text{Log } 3141 \ldots \ldots \quad 497068\\
&\hline
&\qquad \text{Différence} = \quad 82\\
\\
&\text{Log } 3142 \ldots \ldots \quad 497206\\
&\text{Log } 3141 \ldots \ldots \quad 497068\\
&\hline
&\qquad \text{Différence} = \quad 138
\end{aligned}$$

Ceci fait, on doit dire : si une différence de 138 entre les logarithmes donne une unité de différence entre les nombres, que donnera la différence 82 ? On posera donc la proportion

$$138 : 1 = 82 : x;$$

d'où, en s'arrêtant à la troisième décimale,

$$x = \frac{82}{138} = 0{,}594.$$

Ainsi, le logarithme proposé 497150 est celui du nombre 3141,594, ou, à cause de la caractéristique 0, celui du nombre 3,141594.

Il est inutile de poursuivre la division des différences plus loin que la troisième décimale, parce que, avec des logarithmes à six décimales, on ne peut obtenir, dans les cas les plus favorables, que sept chiffres significatifs exacts; généralement, on devra se borner aux deux premières décimales et par suite à six chiffres significatifs.

38. Si la caractéristique du logarithme proposé était négative, on procéderait de la même manière à la recherche des six ou sept chiffres significatifs du nombre, puis on écrirait à la gauche de ces chiffres autant de zéros que la caractéristique a d'unités et on poserait la virgule après le premier zéro. Dans le cas, par exemple, où le logarithme précédent aurait été $\overline{4}{,}497150$ au lieu de 0,497150, on aurait écrit quatre zéros à la gauche des sept chiffres significatifs trouvés 3141594, et après avoir placé la virgule à la droite du premier on aurait eu la fraction 0,0003141594 pour le nombre dont le logarithme est $\overline{4}{,}497150$. Le cas d'une caractéristique complémentaire se ramène toujours à celui d'une caractéristique négative, et ne présente par conséquent aucune difficulté.

39. Enfin, si le logarithme proposé était entièrement négatif, on le chercherait dans la table comme s'il était positif, et après avoir trouvé le nombre correspondant, on ferait de ce nombre le dénominateur d'une fraction à laquelle on donnerait l'unité pour numérateur. Soit à trouver le nombre du logarithme — 0,210853. Cherchant dans la table le logarithme 0,210853, on trouve qu'il répond au nombre 1,625, et l'on en conclut que la fraction cherchée est $\frac{1}{1{,}625}$ ou $\frac{1000}{1625}$, qui se réduit à $\frac{8}{13}$.

Pour se rendre raison de cette règle, il faut observer qu'en désignant par x le nombre dont le logarithme est — m, on a

$$10^{-m} = x.$$

Mais

$$10^{-m} = \frac{1}{10^m};$$

ainsi

$$x = \frac{1}{10^m}.$$

Maintenant, si z est le nombre dont le logarithme est $+ m$, on a aussi

$$10^m = z;$$

donc

$$x = \frac{1}{z}.$$

Lorsqu'on veut obtenir en chiffres décimaux la fraction correspondante à un logarithme négatif, il faut retrancher ce logarithme de celui de l'unité, et comme ce dernier est 0, on augmente de 10 sa caractéristique, ce qui conduit à un logarithme tout positif, mais dont la caractéristique est *complémentaire*, c'est-à-dire trop grande de dix unités (34). Le logarithme que nous venons de considérer — 0,210853, traité de cette manière, donne

$$\begin{aligned}
&10{,}000000\\
&0{,}210853\\
&\hline
&9{.}789147
\end{aligned}$$

ou bien encore $\overline{1}{,}789147$, en remplaçant la caractéristique complémentaire par une caractéristique négative.

Ce dernier logarithme cherché dans la table fournit le nombre 0,615385 ; ainsi

$$\frac{8}{13} = 0{,}615385 ;$$

ce qui est exact, à moins d'une unité près sur la dernière décimale.

On voit que tout se réduit à prendre le complément arithmétique du logarithme proposé, et à considérer la caractéristique du résultat comme une caractéristique *complémentaire* (34).

APPLICATIONS DES LOGARITHMES.

40. Le but de tous les calculs est de trouver la valeur d'une quantité inconnue par le moyen d'autres quantités données ou dont les valeurs sont connues ; à l'exception des calculs qui s'effectuent immédiatement par de simples additions et soustractions, ces opérations exigent en général l'emploi d'une ou de plusieurs des quatre autres règles arithmétiques fondamentales : la *multiplication*, la *division*, l'*élévation aux puissances* et l'*extraction des racines*, qu'on exécute beaucoup plus facilement en opérant sur les logarithmes des quantités données que sur ces quantités elles-mêmes, puisque les multiplications et les divisions se réduisent ainsi à des additions et à des soustractions, et que les élévations aux puissances et les extractions des racines se trouvent ramenées à des multiplications et à des divisions presque toujours très-simples. Le point essentiel est donc de savoir exécuter, dans tous les cas, ces quatre règles arithmétiques, car les calculs les plus compliqués n'en sont que les combinaisons diverses.

41. *Multiplication.* La règle a été déjà posée n° 20, et son application ne présente aucune difficulté tant que les facteurs sont des nombres entiers ou des nombres entiers accompagnés de chiffres décimaux.

Ier EXEMPLE. *On demande le produit de 54 par 49.*

Cherchez dans la première table les logarithmes de 54 et de 49, et ajoutez-les ensemble ; vous aurez

$$\text{Log } 54 = 1{,}732394$$
$$\text{Log } 49 = 1{,}690196$$
$$\text{Somme} = 3{,}422590$$

cherchez dans la seconde table la partie fractionnaire 422590 du logarithme que vous venez d'obtenir, et comme cette partie fractionnaire s'y trouve exactement et correspond au nombre 2646, vous en conclurez, parce que la caractéristique 3 vous apprend que le

nombre cherché doit avoir 4 chiffres significatifs, que 2646 est le produit de 54 par 49.

IIe EXEMPLE. *Soit à multiplier 2,075 par 3,946.*

Cherchez dans la seconde table les logarithmes des nombres proposés, et vous aurez, en écrivant les caractéristiques convenables (n° 18),

$$\text{Log } 2{,}075 = 0{,}317018$$
$$\text{Log } 3{,}946 = 0{,}596157$$
$$\text{Somme} = 0{,}913175$$

La partie décimale 913175 du logarithme du produit ne se trouve pas exactement dans la table, mais on voit que cette partie est comprise entre

$$913125 \text{ et } 913178,$$

dont les nombres correspondans sont

$$8187 \text{ et } 8188.$$

Ainsi, à cause de la caractéristique 0, qui indique un seul chiffre entier, vous pourrez en conclure que le produit demandé est plus grand que

$$8{,}187,$$

mais plus petit que

$$8{,}188 ;$$

de sorte que s'il vous suffit de connaître ce produit avec trois chiffres décimaux, vous pourrez prendre le dernier nombre 8,188, parce que le logarithme trouvé diffère moins du logarithme de 8,188 que de celui de 8,187.

Si vous avez besoin d'une plus grande exactitude, vous opérerez sur les différences des logarithmes comme il est expliqué n° 32. Ainsi, la différence des deux nombres 913125 et 913178, entre lesquels est comprise la partie décimale 913175 du logarithme de votre produit étant 53, et celle de 913175 avec le plus petit des deux nombres étant 50, vous diviserez 50 par 53, ce qui vous donnera 0,94 en vous bornant à deux chiffres décimaux. Le nombre cherché deviendra ainsi

$$8{,}18794,$$

ce qui ne diffère du véritable produit que de 0,00001. Cette approximation est plus que suffisante dans tous les cas ordinaires, et c'est d'ailleurs la seule qu'on puisse espérer avec des tables à 6 décimales.

Il arrivera quelquefois que le calcul des différences fera connaître six et même sept chiffres exacts, mais le plus ordinairement le sixième chiffre sera trop fort ou trop faible d'une unité, de sorte que l'emploi des logarithmes pour la multiplication des nombres, contenant beaucoup de chiffres aux entiers, peut introduire des erreurs trop fortes pour qu'il soit avantageux, mais il devient précieux, comme nous allons le voir, dans tous les cas où les facteurs sont des fractions décimales.

III⁰ **Exemple.** *On demande le produit de 8,555 par 0,006894.*

Le logarithme de 8,555 trouvé dans la seconde table est 0,932220; celui de 0,006894 est $\overline{3}$,838471 ou 7.838471, en employant une *caractéristique complémentaire* (n° 34), ce qui facilite les calculs. On a donc

$$\text{Log } 8,555 = 0,932220$$
$$\text{Log } 0,006894 = 7.838471$$
$$\text{Somme} = 8,770691$$

Il faut se rappeler qu'il entre dans la caractéristique du produit 10 unités de trop, et conséquemment que cette caractéristique est en réalité 8 — 10 = — 2, c'est-à-dire que le logarithme trouvé est

$$\overline{2} . 770691.$$

Cherchant sa partie décimale dans la seconde table, on trouve qu'elle est comprise entre

$$770631 \text{ et } 770705,$$

dont les nombres correspondans sont

$$5897 \text{ et } 5898;$$

le produit demandé est donc, à cause de la caractéristique — 2,

$$0,05897,$$

ce qui est exact, à moins d'une unité près sur la cinquième décimale. Le calcul des différences ferait trouver

$$0,0589781,$$

dont toutes les décimales sont exactes.

IV⁰ **Exemple.** *On demande le produit des nombres qui suivent :*

$$68240,24$$
$$14,72869$$
$$0,02365462$$
$$0,1652437$$
$$0,001046823$$
$$0,0001204682$$

Le calcul direct en serait très-laborieux et sans autre avantage que de faire connaître tous les chiffres décimaux du produit; ce qui est rarement utile, car les quatre ou cinq premiers de ces chiffres suffisent généralement. Le calcul par logarithmes se réduit à une seule addition, lorsqu'on a trouvé ces logarithmes dans les tables par les procédés indiqués (n° 35).

On a, en employant partout où il le faut, des caractéristiques complémentaires,

$$\text{Log } 68240,24 = 4,834041$$
$$\text{Log } 14,72869 = 1,168164$$
$$\text{Log } 0,02365462 = 8.373916$$
$$\text{Log } 0,1652437 = 9.218225$$
$$\text{Log } 0,001046823 = 7.019875$$
$$\text{Log } 0,0001204682 = 6.080872$$
$$\text{Somme} = 36.694990$$

Comme on s'est servi de quatre caractéristiques complémentaires, la caractéristique du résultat est trop forte en définitive de 4 fois 10 unités ou de 40; ainsi, le logarithme du produit demandé est seulement

$$\overline{4} . 694990,$$

c'est le logarithme de

$$0,0004954.$$

Ici, l'on peut se borner aux quatre chiffres significatifs donnés immédiatement par la table, car le produit demandé se trouve connu par eux seuls avec une exactitude qui dépasse tous les besoins.

42. *Division.* Les exemples suivans vont lever toutes les difficultés que pourrait présenter l'application de la règle générale posée n° 22.

I⁰ʳ **Exemple.** *On demande le quotient de 330096 divisé par 6877.*

$$\text{Log } 330096 = 5,518640$$
$$\text{Log } 6877 = 3,857399$$
$$\text{Différence} = 1,681241$$

Ce dernier logarithme étant exactement celui de 48, on en conclut que 48 est le quotient demandé.

II⁰ **Exemple.** *On veut diviser 4,817 par 3,695.*

$$\text{Log } 4,817 = 0,682777$$
$$\text{Log } 3,695 = 0,567614$$
$$\text{Différence} = 0,115163$$

la partie décimale du résultat est comprise entre les deux nombres de la seconde table

$$114944 \text{ et } 115278,$$

correspondant à

$$1303 \text{ et } 1304.$$

On a donc, avec trois décimales exactes, pour le quotient demandé,

$$1,303.$$

Au besoin, le calcul des différences donnerait 1,30365, dont toutes les décimales sont exactes.

III⁰ Exemple. *Diviser 0,4817 par 3,695.*

Donnant au logarithme de 0,4817 une caractéristique complémentaire, on a

$$\text{Log } 0,4817 = 9.682777$$
$$\text{Log } 3,695 = 0,567614$$

$$\text{Différence} = 9.115163$$

et il faut observer ici que la caractéristique du résultat est trop grande de 10 unités, puisque celle du dividende a été augmentée de ce même nombre d'unités. Le logarithme du quotient est donc en réalité

$$\bar{1}.115163,$$

ce qui répond au nombre 0,130365, car la partie décimale du logarithme est la même que dans l'exemple précédent.

IV⁰ Exemple. *Diviser 4,817 par 0,03695.*

L'emploi d'une caractéristique complémentaire rendrait la soustraction impossible ; mais on doit observer que la différence de deux nombres ne change pas lorsqu'on les augmente l'un et l'autre d'une même quantité ; ainsi, augmentant de 10 la caractéristique 0 du logarithme de 4,817, on aura, en indiquant cette circonstance par un point,

$$\text{Log } 4,817 = 10.682777$$
$$\text{Log } 0,03695 = 8.567614$$

$$\text{Différence} = 2,115163$$

et il n'y a rien à changer à la caractéristique du résultat, puisque les caractéristiques des deux logarithmes ont été augmentées l'une et l'autre de 10. Le quotient demandé est donc 130,365.

V⁰ Exemple. *Diviser 17 par 325.*

La division proposée a proprement pour but de réduire la fraction $\frac{17}{135}$ en fraction décimale, comme totes les divisions dans lesquelles le dividende est p[lus] petit que le diviseur. Pour rendre possible la soustra[c]tion, il faut augmenter de 10 unités la caractéristiq[ue] du logarithme du dividende, puis retrancher ensuite [de] 10 unités de la caractéristique du quotient, ainsi q[ue] nous l'avons déjà fait au troisième exemple. On trouv[e]

$$\text{Log } 17 = 11.230449$$
$$\text{Log } 325 = 2,511883$$

$$8.718566$$

le logarithme du quotient est donc

$$\bar{2}.718566,$$

et la table fait connaître que ce quotient est 0,052307

43. *Élévation aux puissances.* L'observation faite [au] sujet de la multiplication s'applique tout naturelleme[nt] à cette opération pour laquelle l'emploi des logarithm[es] n'est avantageux que lorsque la base donnée est un[e] fraction ou du moins un très-petit nombre.

I⁰ʳ Exemple. *On demande la cinquième puissance d[u] nombre 1,025.*

Multipliant (n° 23) par 5 le logarithme de 1,025, [il] vient

$$\text{Log } 1,025 = 0,010724$$
$$5$$

$$\text{Produit} = 0,053620$$

Cherchant ce logarithme dans la seconde table, o[n] trouve pour la puissance demandée 1,131 valeur exact[e] jusqu'à la dernière décimale. Le calcul des différence[s] fournirait au plus une quatrième décimale.

II⁰ Exemple. *Elever 0,95 à la huitième puissance.*

Le logarithme de 0,95 est, en employant une carac[]téristique complémentaire, 9.977724, et l'on trouve, e[n] le multipliant par 8,

$$\text{Log } 0,95 = 9.977724$$
$$8$$

$$\text{Produit} = 79.821792$$

Or, la caractéristique du multiplicande étant trop grand[e] de 10 unités, celle du produit est trop grande de hui[t] fois dix unités ou de 80; elle doit donc être réduite à $79 - 80 = -1$, et, par conséquent, le logarithme de la puissance demandée est

$$\overline{1}.821792,$$

dont le nombre le plus approché donné par les tables est 0,6634.

IIIe **Exemple.** *Elever* 0,5 *à la vingtième puissance.*

$$\text{Log } 0,5 = 9.698970$$
$$20$$
$$\overline{}$$
$$\text{Produit} = 193.979400$$

Ici la caractéristique du résultat est trop forte de vingt fois 10 unités; il faut donc en retrancher 120, ce qui donne $193 - 120 = -7$. Le logarithme de la puissance demandée est conséquemment $\overline{7}.979400$, et cette puissance elle-même : 0,0000009536.

IVe **Exemple.** *Elever le nombre* 0,275 *à la puissance fractionnaire* 3,55.

$$\text{Log } 0,275 = 9,439333$$
$$3,55$$
$$\overline{}$$
$$47196665$$
$$47196665$$
$$28317999$$
$$\overline{}$$
$$\text{Produit} = 33.50963215$$

En ne tenant pas compte des deux dernières décimales, il faut observer que ce logarithme 33.509632 est trop grand de 3,55 fois 10 ou de 35,5; il faut donc en retrancher ce dernier nombre; mais comme la soustraction ne serait pas possible, ou conduirait à un logarithme entièrement négatif, on peut encore augmenter la caractéristique 33 de 10 unités, et après avoir retranché 35,5 de 43,509632, on a un logarithme 8.009632, dont la caractéristique est encore trop forte de 10 unités. Ainsi le logarithme de la puissance demandée est en définitive

$$\overline{2}.009632.$$

Les tables font connaître que cette puissance est 0,01022.

44. *Extraction des racines.* Si l'on excepte les deux seuls cas de la racine carrée et de la racine cubique, l'extraction de toutes les autres racines est un problème qui dépasse les limites de l'arithmétique ordinaire. Avec l'aide des logarithmes, rien n'est plus fa-

cile, car l'opération se réduit à diviser le logarithme du nombre proposé par l'exposant de la racine demandée (n° 24).

Ier **Exemple.** *On demande la racine carrée du nombre* 3136.

Le logarithme de 3136 donné par la table est 3,496376; le divisant par 2, ou prenant sa moitié, on trouve 1,748188, qui correspond exactement au nombre 56 ; 56 est donc la racine carrée de 3136.

IIe **Exemple.** *Extraire la racine cubique de* 8,755.

On a

$$\text{Log } 8,755 = 0,942256$$
$$\text{Tiers de ce log.} = 0,314085$$

Cherchant dans les tables le nombre qui répond au logarithme 0,314085, on trouve 2,061, et par le calcul des différences 2,06103 ; ce nombre est la racine demandée.

IIIe **Exemple.** *Extraire la racine quatrième du nombre* 0,8756.

Le logarithme de 0,8756 est, avec une caractéristique complémentaire,

$$9.942306,$$

et l'on obtient, en divisant par 4,

$$2,485576.$$

Or, le logarithme primitif étant trop grand de 10 unités, son quart est trop grand de $\frac{10}{4}$ unités ou de 2,5 ; ainsi, il faut retrancher 2,5 de 2,485576. Mais pour ne pas avoir un logarithme tout négatif, on peut commencer par augmenter la caractéristique 2 de 10, et le logarithme devenant 12,485576, on trouve, après avoir retranché 2,5,

$$9.985576,$$

logarithme dont la caractéristique est encore trop grande de 10 unités. En définitive, le logarithme de la racine cherchée est donc

$$\overline{1}.985576,$$

qui répond au nombre 0,9673.

On aurait pu éviter la soustraction de 2,5 en rendant immédiatement la caractéristique du logarithme primitif assez grande pour que celle de la racine eût 10 unités de trop, et, pour cet effet, il suffisait de lui ajouter 3 dixaines, car 9.942306 ayant déjà 10 unités de trop,

39.942306 en aura 40, et par conséquent son *quart* n'en aura plus que 10. Or, ce *quart* est

$$9 \cdot 985576,$$

ce qui donne, comme ci-dessus, le logarithme à caractéristique négative $\overline{1},985576$.

En général, *lorsqu'on veut diviser un logarithme à caractéristique complémentaire par un nombre entier quelconque, il faut ajouter autant de dixaines à sa caractéristique que le nombre a d'unités moins une. Le résultat est alors* un logarithme dont la caractéristique est simplement complémentaire ou trop grande de 10 unités.

IV⁰ Exemple. *On demande les racines successives, savoir : carrée, cubique, quatrième, cinquième, etc., du nombre 0,0025.*

Le logarithme de cette fraction est $7 \cdot 397940$; on divisera donc successivement, d'après la règle précédente,

par 2. . . . le logarithme $17 \cdot 397940$,

par 3. . . . le logarithme $27 \cdot 397940$,

par 4. . . . le logarithme $37 \cdot 397940$,

par 5. . . . le logarithme $47 \cdot 397940$,

etc.   etc.

par 100. . . le logarithme $997 \cdot 397940$.

On aura pour les racines des différens degrés les logarithmes qui suivent, dont les caractéristiques sont simplement complémentaires; leurs nombres respectifs trouvés dans les tables, après avoir transformé les caractéristiques complémentaires en caractéristiques négatives, seront les racines demandées.

	Logarithme de la racine.	Racine.
carrée.	8.698970	$0,05$
cubique.	9.132646	$0,1357$
quatrième.	9.349485	$0,2236$
cinquième.	9.479588	$0,3017$
centième.	$9,973979$	$0,9418$

Le calcul des différences ferait trouver, s'il en était besoin, deux décimales exactes de plus à chaque racine, à l'exception de la racine carrée, qui est exactement 0,05.

V⁰ Exemple. *On demande en fractions décimales la racine cubique de la fraction ordinaire $\frac{5}{12}$.*

On pourrait commencer par réduire la fraction proposée en décimales par la division, puis opérer comme il vient d'être fait dans les exemples précédens; mais il est plus simple d'effectuer la réduction par les loga-

rithmes, car on obtient ainsi directement le logarithme de $\frac{5}{12}$, et il n'y a plus qu'à le diviser par 3. On a

Log de 5, augmenté de 10 unités $= 10,698970$

Log de 12 $= 1,079181$

Différence ou Log $\frac{5}{12}$ $= 9.619789$

Ajoutant 2 dixaines à la caractéristique et prenant le *tiers* du résultat 29.619789, on obtient 9.873263 pour le logarithme de la racine demandée : ce logarithme est donc $\overline{1}.873263$, en remplaçant la caractéristique complémentaire par une caractéristique négative. Le nombre correspondant donné par les tables étant $0,7469$, on en conclura que la racine cubique de $\frac{5}{12}$ est $0,7469$, à moins de $0,0001$ près. Si l'on veut pousser plus loin l'approximation, on effectuera le calcul indiqué n° 37 sur les différences, et l'on obtiendra

$$\sqrt[3]{\left(\frac{5}{12}\right)} = 0,746907.$$

45. *Des rapports géométriques.* La plupart des problèmes arithmétiques se réduisent à la détermination de l'un des termes d'une proportion géométrique dont les trois autres termes sont connus. Lorsqu'on a posé la proportion de manière que le terme cherché est l'un des extrêmes, on obtient sa détermination en divisant le produit des deux termes moyens par l'autre extrême, ce qui exige une multiplication et une division, et forme l'objet de ce qu'on nomme en arithmétique la *règle de trois;* on peut l'effectuer par une addition et une soustraction, en se servant des logarithmes.

Iᵉʳ Exemple. *On demande l'intérêt, pour une année, de 1750 francs, à cinq et demi pour cent.*

Il faut poser la question en ces termes : Si 100 francs produisent en une année 5 francs et demi ou 5 fr. 50 c., combien produiront 1750 fr. ? On a ainsi la proportion

$$100 : 5,50 :: 1750 : x;$$

et pour obtenir la valeur de x ou du terme cherché, on doit multiplier 1750 par 5,50 et diviser le produit par 100. Opérant par logarithmes, on a

Log 1750 $= 3,243938$

Log 5,50 $= 0,740363$

Somme $= 3,983401$

Log 100 $= 2,000000$

Différence ou Log $x = 1,983401$

Ce logarithme correspondant au nombre 96,25, on en conclura que l'intérêt demandé est de 96 francs 25 centimes.

IIe Exemple. *Le cours des rentes 3 pour 100 étant à 79 fr. 50 c. ; on demande à combien pour 100 répond ce cours.*

On posera la proportion

$$79,50 : 3 :: 100 : x;$$

puis on opérera comme dans l'exemple précédent

$$\text{Log } 100 = 2,000000$$
$$\text{Log } 3 = 0,477121$$
$$\text{Somme} = 2,477121$$
$$\text{Log } 79,50 = 1,900367$$
$$\text{Différence ou Log } x = 0,576754$$

d'où $x = 3,774$. Ainsi, en achetant de la rente 3 pour 100 au cours de 79 fr. 50 c., on place son capital à $3\frac{77}{100}$, ou à peu près à 3 et $\frac{3}{4}$ pour 100.

IIIe Exemple. *On demande quelle est la grandeur du diamètre d'un cercle dont la circonférence est de 18 mètres 55 centimètres.*

Le rapport du diamètre à la circonférence étant à très-peu près celui des nombres 113 : 355, on posera la proportion

$$355 : 113 : 18,55 : x.$$

$$\text{Log } 18,55 = 1,268344$$
$$\text{Log } 113 = 2,053178$$
$$\text{Somme} = 3,321422$$
$$\text{Log } 355 = 2,550228$$
$$\text{Différence ou Log } x = 0,771194$$

d'où $x = 5^{\text{m}},905$. Le diamètre demandé est donc de 5 mètres 905 millimètres.

Si l'on s'était proposé le problème inverse de trouver la circonférence du cercle dont le diamètre est 5^m,905, il aurait fallu renverser le premier rapport, et l'on aurait eu la proportion

$$113 : 355 :: 5,905 : x.$$

Mais dans toutes les questions de ce genre, est beaucoup plus simple d'employer l'expression de la circonférence du cercle dont le diamètre est l'unité; de cette manière, on n'a qu'une seule opération à effectuer. Or, en prenant le diamètre pour unité, la circonférence est

$$\frac{355}{113} = 3,1415926....,$$

nombre qu'on désigne communément par la lettre grecque π, et dont il suffit de connaître le logarithme une fois pour toutes. Représentant en général par D le diamètre d'un cercle et par C sa circonférence, on a les deux relations générales

$$C = D \times \pi, \quad D = \frac{C}{\pi},$$

c'est-à-dire qu'en multipliant le diamètre par ce nombre π on obtient la circonférence, et qu'en divisant la circonférence par ce même nombre on obtient le diamètre.

Le logarithme de π avec six décimales est

$$\text{Log } \pi = 0,497150.$$

Ainsi, pour résoudre la question proposée, il suffit de la seule soustraction suivante :

$$\text{Log } 18,55 = 1,268344$$
$$\text{Log } \pi = 0,497150$$
$$\text{Log D} = 0,771194$$

et l'on obtient comme ci-dessus, pour le diamètre demandé, 5^m,905.

IVe Exemple. *On demande la surface du cercle dont le diamètre est de 2^m,56.*

Il faut savoir que la *surface d'un cercle est égale au quart du produit du nombre π par le carré du diamètre*; de sorte qu'en désignant cette surface par S, on a ici

$$S = \frac{\pi(2,56)^2}{4},$$

c'est-à-dire, qu'il faut prendre le logarithme de 2,56, le multiplier par 2 (n° 23), ajouter au produit le logarithme de π et retrancher de la somme le logarithme de 4.

$$\text{Log } 2,56 = 0,408240$$
$$2$$
$$\text{Produit} = 0,816480$$
$$\text{Log } \pi = 0,497150$$
$$\text{Somme} = 1,313630$$
$$\text{Log } 4 = 0,602030$$
$$\text{Différence ou Log S} = 0,711600$$

Ce logarithme correspondant au nombre 5,1475, il en résulte que la superficie demandée est de 5 mètres carrés, 14 décimètres carrés, 75 centimètres carrés.

Ve Exemple. *On demande le volume d'un cylindre long de 1^m,50 et dont le diamètre de la base est de 0^m,25.*

Le volume d'un cylindre est équivalent au produit de sa base par sa hauteur. Ainsi, désignant par V ce volume, on aura

$$V = \frac{\pi(0,25)^2}{4} \times 1^m,50,$$

car (*Exemple précédent*) la base du cylindre est un cercle qui a 0^m,25 pour diamètre. On aura donc

$$
\begin{aligned}
\text{Log } 0,25 &= 9.347940 \\
&\quad 2 \\
\hline
\text{Produit} &= 18.695980 \\
\text{Log } \pi &= 0,497150 \\
\text{Log } 1,50 &= 0,176091 \\
\hline
\text{Somme} &= 19.369221 \\
\text{Log } 4 &= 0,602060 \\
\hline
\text{Différence} &= 18.767161
\end{aligned}
$$

Il faut observer que la caractéristique de ce résultat est trop grande de 20 unités, parce qu'on a pris le logarithme de 0,25 avec une caractéristique complémentaire et qu'on a doublé les 10 unités de trop de cette caractéristique en multipliant le logarithme par 2. Le logarithme du volume cherché est donc seulement

$$\bar{2}.767161,$$

qui correspond au nombre 0,0585006, et en observant que l'unité de volume est le mètre cube, puisque l'unité des longueurs a été le mètre, on a pour le volume demandé 0$^{m.\,cub.}$,0585006 ou 58 décimètres cubes et 501 centimètres cubes, à peu près.

VIe Exemple. *On demande le poids d'un cylindre de fer fondu ayant les dimensions de l'exemple précédent, c'est-à-dire un diamètre de 0^m,25 et une hauteur de 1^m,50.*

Après avoir déterminé, comme nous venons de le faire, le volume du cylindre en mètre cube, il faut multiplier ce volume 0$^{m.\,cub.}$,0585006 par le poids en kilogrammes d'un mètre cube de fer fondu, lequel est

$$7207 \text{ kilogrammes,}$$

d'après la table des pesanteurs spécifiques de l'*An-*

nuaire du bureau des longitudes; nous avons donc, en prenant d'abord une caractéristique complémentaire

$$
\begin{aligned}
\text{Log V} &= 8.767161 \\
\text{Log } 7207 &= 3,857754 \\
\hline
\text{Somme} &= 12.624915
\end{aligned}
$$

Retranchant 10 de la caractéristique, on a, pour le logarithme du poids demandé, 2,624915, et pour ce poids lui-même 421^k,61.

VIIe Exemple. *On demande le volume d'une sphère ayant un diamètre de 0^m,375.*

On sait que le volume d'une sphère est équivalent au sixième du nombre π multiplié par le cube du diamètre; ainsi, V étant le volume demandé, on a, pour la question proposée,

$$V = \frac{\pi.(0,375)^3}{6};$$

réalisant par logarithmes les calculs indiqués, il vient

$$
\begin{aligned}
\text{Log } 0,375 &= 9.574031 \\
&\quad 3 \\
\hline
\text{Produit} &= 28.722093 \\
\text{Log } \pi &= 0,497150 \\
\hline
\text{Somme} &= 29.219243 \\
\text{Log } 6 &= 0,778151 \\
\hline
\text{Différence ou Log V} &= 28.441092
\end{aligned}
$$

Retranchant 3 dixaines de la caractéristique, le logarithme du volume cherché est $\bar{2}.441092$; ce qui donne pour ce volume 0$^{m.\,cub.}$,027612.

Si l'on voulait savoir ce que pèserait une telle sphère en cuivre rouge, on multiplierait son volume par le poids du mètre cube de cuivre, savoir 8788 kilogrammes.

VIIIe Exemple. *On demande le diamètre qu'il faut donner à une boule de plomb fondu pour qu'elle pèse 88 grammes.*

Le mètre cube de plomb fondu pèse 11352^k,3; ainsi, comme les volumes de deux corps homogènes sont en raison inverse de leurs poids, on aura le volume de la boule en divisant 88 grammes ou 0^k,088 par 11352^k,3, et le problème sera ramené à trouver le diamètre d'une sphère dont on connaît le volume, diamètre qui est égal à la racine cubique du volume multiplié par 6 et divisé par π. Toutes les opérations à exécuter sont donc comprises dans la formule

$$D = \sqrt[3]{\left[\frac{6 \times \dfrac{0,088}{11352,3}}{\pi}\right]},$$

ou, ce qui revient au même, dans la formule

$$D = \sqrt[3]{\left[\frac{6 \times 0,088}{11352,3 \times \pi}\right]}.$$

Voici le calcul :

$$\text{Log } 6 = 0,778151$$
$$\text{Log } 0,088 = 8.944483$$
$$\text{1}^{re}\text{ somme} = 9.722634$$

$$\text{Log } \pi = 0,497150$$
$$\text{Log } 11352,3 = 4,055084$$
$$\text{2}^e\text{ somme} = 4,552234$$

$$\text{1}^{re}\text{ somme} = 9.722634$$
$$\text{2}^e\text{ somme} = 4,552234$$
$$\text{Différence} = 5.170400$$

Ce dernier logarithme, dont il faut prendre le *tiers* pour effectuer l'extraction de la racine cubique, ayant une caractéristique complémentaire, puisque celle de la première somme était trop grande de 10 unités, on lui ajoutera encore 2 dixaines (n° 44), afin d'avoir pour résultat, après la division, un logarithme à caractéristique simplement complémentaire. On aura, de cette manière,

$$25.170400$$
$$\text{Tiers ou Log } D = \quad 8.390133,$$

ou bien, en passant de la caractéristique complémentaire à une caractéristique négative,

$$\text{Log } D = \overline{2}.390133,$$

ce qui donne, pour le diamètre demandé, $0^m,02455$. Une balle de plomb du poids de 88 grammes a donc un diamètre de 24 millimètres et $\frac{1}{2}$, à très-peu près.

46. *Règle conjointe.* Cette règle, qui exige presque toujours des calculs pénibles et dont le but est de déterminer le rapport de deux quantités, au moyen des rapports connus de ces quantités avec d'autres, s'exécute très-facilement par logarithmes ; les exemples suivans vont indiquer la marche à suivre dans tous les cas.

Ier **Exemple.** *Sachant que 59 toises françaises valent 115 mètres, et que 81 toises anglaises valent 76 toises françaises, on demande combien 27 toises anglaises valent de mètres.*

Il s'agit de trouver le rapport de la toise anglaise au mètre, car ce rapport une fois connu, en le multipliant par 27 ou par tout autre nombre, on saura combien ce nombre de toises anglaises vaut de mètres. Or, les données sont, d'une part,

$$81 \text{ toises anglaises} = 76 \text{ toises françaises,}$$

ou

$$1 \text{ toise anglaise} = \frac{76}{81} \text{ toise française,}$$

et de l'autre

$$59 \text{ toises françaises} = 115 \text{ mètres,}$$

ou

$$1 \text{ toise française} = \frac{115}{59} \text{ mètre.}$$

Ainsi, multipliant le nombre de toises françaises que vaut une toise anglaise, par le nombre de mètres que vaut une toise française, on aura évidemment le nombre de mètres que vaut une toise anglaise, qui sera donc

$$1 \text{ toise anglaise} = \frac{76}{81} \times \frac{115}{59} \text{ mètres,}$$

et, par suite, on aura

$$27 \text{ toises anglaises} = 27 \times \frac{76}{81} \times \frac{115}{59} \text{ mètres,}$$

c'est-à-dire qu'il faut prendre le produit des trois nombres 27, 76 et 115 et le diviser par le produit des deux nombres 81 et 59 ; ce qui comprend par logarithmes deux additions et une soustraction.

$$\text{Log } 27 = 1,431364$$
$$\text{Log } 76 = 1,880814$$
$$\text{Log } 115 = 2,060698$$
$$\text{Somme} = 5,372876$$

$$\text{Log } 81 = 1,908485$$
$$\text{Log } 59 = 1,770852$$
$$\text{Somme} = 3,679337$$

$$\text{1}^{re}\text{ somme} = 5,372876$$
$$\text{2}^e\text{ somme} = 3,679337$$
$$\text{Différence} = 1,693539$$

ce dernier logarithme répond au nombre 49,378, et il

en résulte que 27 toises anglaises équivalent à 49 mètres 378 millimètres.

II⁰ Exemple. *On achète une certaine quantité de blé et on l'échange contre du riz ; on échange ensuite le riz contre du sucre, le sucre contre du café, le café contre du musc, le musc contre du drap et le drap contre de la toile. Quel est, en définitive, le prix du mètre de toile, le blé ayant été acheté à raison de 16 fr. 20 c. l'hectolitre, et les échanges s'étant effectués à raison de*

16 décalitres ou 1$^{\text{hect.}}$,6 de blé pour 40 kilog. de riz ;

45 kilog. de riz. . . . . 18 kilog. de sucre ;

5 kilog. de sucre. . . . . 3 kilog. de café ;

4 kilog. de café. . . . . 3 onces de musc ;

1 livre de musc. . . . . 8 mètres de drap ;

7 mètres de drap. . . . . 48 mètres de toile.

On tire de ces nombres les rapports suivans, entre les unités des divers objets, qu'il faut disposer de manière que l'unité dont on cherche le prix soit la première, et que celle dont le prix est connu soit la dernière.

$$1 \text{ mètre de toile} = \frac{7}{48} \text{ mètre de drap} ;$$

$$1 \text{ mètre de drap} = \frac{1}{8} \text{ livre de musc} ;$$

$$1 \text{ once de musc} = \frac{4}{3} \text{ kilog. de café} ;$$

$$1 \text{ kilog. de café} = \frac{5}{3} \text{ kilog. de sucre} ;$$

$$1 \text{ kilog. de sucre} = \frac{45}{18} \text{ kilog. de riz} ;$$

$$1 \text{ kilog. de riz} = \frac{1,6}{40} \text{ hectol. de blé} ;$$

$$1 \text{ hectol. de blé} = 16 \text{ fr. } 20 \text{ c.}$$

Il faut observer maintenant que pour composer ces rapports il manque la valeur d'une des unités employées, la livre de musc, et qu'on doit conséquemment leur ajouter le rapport de la livre à l'once, savoir :

$$1 \text{ livre de musc} = 16 \text{ onces de musc.}$$

Par ce moyen, on a successivement

$$1^{\text{m}} \text{ de toile} = \frac{7}{48} \times \frac{1}{8} \text{ liv. de musc} ;$$

$$= \frac{7}{48} \times \frac{1}{8} \times 16 \text{ onces de musc} ;$$

$$= \frac{7}{48} \times \frac{1}{8} \times 16 \times \frac{4}{3} \text{ kil. de café} ;$$

$$= \frac{7}{48} \times \frac{1}{8} \times 16 \times \frac{4}{3} \times \frac{5}{3} \text{ kil. de sucre} ;$$

$$= \frac{7}{48} \times \frac{1}{8} \times 16 \times \frac{4}{3} \times \frac{5}{3} \times \frac{45}{18} \text{ kil. de riz} ;$$

$$= \frac{7}{48} \times \frac{1}{8} \times 16 \times \frac{4}{3} \times \frac{5}{3} \times \frac{45}{18} \times \frac{1,6}{40} \text{ hect. de blé} ;$$

d'où, définitivement,

$$1^{\text{m}} \text{ de toile} = \frac{7 \times 1 \times 16 \times 4 \times 5 \times 45 \times 1,6 \times 16,20}{48 \times 8 \times 3 \times 3 \times 18 \times 40} \text{ francs}$$

Réalisant, pour opérer plus promptement, les produits qu'on peut former à vue d'œil, tels que ceux de $4 \times 5 = 20$, $8 \times 3 \times 3 = 8 \times 9 = 72$; il vient

$$1^{\text{m}} \text{ de toile} = \frac{7 \cdot 16 \cdot 20 \cdot 45 \cdot 1,6 \cdot 16,20}{48 \cdot 72 \cdot 18 \cdot 40} \text{ francs.}$$

et, achevant sans autre réduction le calcul par les logarithmes, on a

$$\text{Log } 7 = 0{,}845098$$
$$\text{Log } 16 = 1{,}204120$$
$$\text{Log } 20 = 1{,}301030$$
$$\text{Log } 45 = 1{,}653213$$
$$\text{Log } 1{,}6 = 0{,}204120$$
$$\text{Log } 16{,}20 = 1{,}209515$$

$$\text{Somme} = 6{,}417096$$

$$\text{Log } 48 = 1{,}681241$$
$$\text{Log } 72 = 1{,}857333$$
$$\text{Log } 18 = 1{,}255273$$
$$\text{Log } 40 = 1{,}602060$$

$$\text{Somme} = 6{,}395907$$

$$1^{\text{re}} \text{ somme} = 6{,}417096$$
$$2^{\text{e}} \text{ somme} = 6{,}395907$$

$$\text{Différence} = 0{,}021189$$

ce dernier logarithme répond, dans les tables, au nombre 1,05 : ainsi, le prix demandé du mètre de toile est de 1 franc 5 centimes.

Toutes les difficultés de la règle conjointe se réduisent à disposer les rapports dans l'ordre convenable, mais nous devons renvoyer, pour cet objet, aux traités d'arithmétique.

47. *Des intérêts composés.* On nomme *intérêt composé* celui qui est produit tant par le capital primitif que par les intérêts qu'on laisse accumuler entre les mains de l'emprunteur. Imaginons, par exemple, qu'on ait placé 100 fr. à 4 pour 100 par an, et qu'au lieu de retirer à la fin de l'année la somme de 104 fr. due par l'emprunteur, on la lui laisse une seconde année, toujours au même intérêt ; à la fin de cette seconde année, la somme à recevoir se composera : 1° de ces 104 fr. ; 2° de l'in-

térêt à 4 pour 100 de ces mêmes 104 fr. Pour trouver cet intérêt, il faudra résoudre la proportion

$$100 : 4 :: 104 : x,$$

d'où l'on tire

$$x = \frac{4 \times 104}{100} = 4 \text{ fr. } 16.$$

Ainsi, à la fin de la seconde année, le capital sera devenu $104 + 4,16 = 108$ fr. 16 c. Maintenant, si on laisse encore pendant une troisième année ce capital produire des intérêts à 4 pour 100, ces intérêts étant donnés par la proportion

$$100 : 4 :: 108,16 : x,$$

d'où

$$x = \frac{4 \times 108,16}{100} = 4 \text{ fr. } 33 \text{ c.},$$

on aura à retirer à la fin de la troisième année $108,16 + 4,33 = 112$ fr. 49 c. Et ainsi de suite.

Toutes les questions qui se rapportent aux intérêts composés sont comprises dans une formule générale dont il est nécessaire de bien comprendre la déduction suivante.

On nomme *taux* de l'intérêt la centième partie de ce que produit dans une année une somme de 100 fr. Par exemple, lorsque l'intérêt est à 5 pour 100, le taux est $\frac{5}{100}$; il est $\frac{4}{100}$ lorsque l'intérêt est à 4 pour 100, et ainsi de suite. En d'autres termes, le *taux* de l'intérêt est ce que produit une somme de 1 franc, de sorte qu'en multipliant une somme quelconque par le taux de l'intérêt on a immédiatement l'intérêt de cette somme. Si, par exemple, l'intérêt est à 3 pour 100, le taux est $\frac{3}{100}$, et puisque 1 franc produit $\frac{3}{100}$ de francs, 600 francs produisent $600 \times \frac{3}{100}$; 800 francs produisent $800 \times \frac{3}{100}$, etc., etc.

Ceci posé, nommons a un capital quelconque et r le taux de l'intérêt auquel il est placé. L'intérêt produit par la somme a au bout d'une année sera a multiplié par r ou ar, et par conséquent le capital sera devenu, à la fin de la première année, $a + ar$; de sorte qu'en désignant ce nouveau capital par a', nous aurons la relation

$$a' = a + ar = a(1 + r).$$

Par la même raison, le capital a' placé pendant une année au taux r deviendra

$$a'' = a'(1 + r),$$

ou, remplaçant a' par sa valeur $a(1 + r)$,

$$a'' = a(1 + r)(1 + r) = a(1 + r)^2.$$

Si l'on place de nouveau le capital a'' pendant une année au taux r, il deviendra à la fin de cette année

$$a''' = a(1 + r)^3,$$

et ainsi de suite; de sorte qu'en désignant généralement par A ce que devient à la fin de n années le capital primitif a dont on a laissé accumuler les intérêts, on a l'expression générale

$$(1) \ \ldots\ldots\ A = a(1 + r)^n,$$

dans laquelle on peut prendre successivement chacune des quatre quantités A, a, r et n pour inconnue.

Ier EXEMPLE. *On demande quelle somme on aura à recevoir au bout de 4 ans, en plaçant un capital de 6000 fr. à intérêts composés au taux de* $\frac{6}{100}$, *ou à 6 pour 100.*

Ici, l'inconnue est la quantité A, et l'on a les données

$$a = 6000 \text{ fr.}, \ n = 4, \ r = \frac{6}{100} = 0,06.$$

Substituant ces valeurs dans la formule (1), elle donne

$$A = 6000(1,06)^4.$$

Ainsi, on obtiendra le logarithme de A en prenant celui de 1,06, le multipliant par 4 et lui ajoutant ensuite le logarithme de 6000.

$$\text{Log } 1,06 = 0,025306$$
$$4$$

$$\text{Produit} = 0,101224$$
$$\text{Log } 6000 = 3,778151$$

$$\text{Somme ou Log } A = 3,879375$$

On trouve, dans les tables, A = 7574 fr. 86 c. La somme à recouvrer sera donc 7574 fr. 86 c., et, par conséquent, le capital primitif aura produit 1574 fr. 86 c.

IIe EXEMPLE. *On demande quelle somme il faut placer pour obtenir au bout de 10 ans un capital de 10000 fr., l'intérêt étant à 5 pour 100.*

L'inconnue du problème est le capital primitif a; il faut donc dégager a de l'expression (1), qui devient alors

$$(2) \ \ldots\ldots\ a = \frac{A}{(1 + r)^n},$$

et en y substituant les données

$$A = 10000, \quad n = 10, \quad r = 0{,}05,$$

on a

$$a = \frac{1000}{(1{,}05)^{10}},$$

c'est-à-dire que pour obtenir le logarithme de la quantité cherchée a, il faut retrancher de celui de 10000 dix fois celui de 1,05.

$$\text{Log } 10000 = 4{,}000000$$
$$10 \times \text{Log } 1{,}05 = 0{,}211890$$

$$\overline{\text{Différence ou Log } a = 3{,}788110}$$

les tables font connaître $a = 6139$ fr. 20 c.

IIIe Exemple. *On demande à quel taux d'intérêt il faudrait placer une somme de 3000 fr. pour qu'elle fût doublée au bout de 10 ans par l'accumulation des intérêts.*

Les données sont $a = 3000$, $A = 6000$, $n = 10$; il s'agit de trouver la valeur de r. Dégageant r de l'expression générale (1), il vient

$$(3) \ \dots \ r = \sqrt[n]{\frac{A}{a}} - 1,$$

et, en substituant les valeurs précédentes,

$$r = \sqrt[10]{\frac{6000}{3000}} - 1.$$

Observant que $\frac{6000}{3000} = 2$, on a simplement dans ce cas particulier

$$r = \sqrt[10]{2} - 1;$$

ce qui signifie que le taux cherché est égal à la *racine dixième* de 2 diminuée de l'unité. Tout se réduit donc à diviser par 10 le logarithme de 2.

$$\text{Log } 2 = 0{,}301030$$
$$\tfrac{1}{10} \cdot \text{Log } 2 = 0{,}030103$$

le nombre correspondant à ce résultat étant 1,072, on a $\sqrt[10]{2} = 1{,}072$, et par suite

$$r = 1{,}072 - 1 = 0{,}072.$$

Le taux cherché est donc $\frac{7{,}2}{100}$ ou 7 et $\frac{2}{10}$ pour 100.

IVe Exemple. *Un capital de 6139 fr. 20 c. placé à 5 pour 100 a produit, tant en capital qu'en intérêt composé, une somme de 10000 francs : on demande le nombre d'années qu'a duré le placement.*

Nous avons ici $a = 6139{,}20$, $A = 10000$, $r = 0{,}05$, et il s'agit de trouver n.

On ne peut dégager n de l'expression fondamentale (1) que par le moyen des logarithmes, de sorte que, sans ces quantités, le problème en question sera entièrement insoluble. Or, prenant les logarithmes des deux membres de l'égalité (1), il vient

$$\text{Log } A = \text{Log } a + n \, \text{Log } (1 + r),$$

d'où

$$(4) \ \dots \ n = \frac{\text{Log } A - \text{Log } a}{\text{Log } (1 + r)}.$$

Substituant les valeurs données, nous aurons

$$n = \frac{\text{Log } 10000 - \text{Log } 6139{,}2}{\text{Log } 1{,}05};$$

mais Log 1,05 = 0,021189, et

$$\text{Log } 10000 = 4{,}000000$$
$$\text{Log } 6139{,}20 = 3{,}788110$$

$$\overline{\text{Différence} = 0{,}211890}$$

Donc

$$n = \frac{0{,}211890}{0{,}021189} = 10,$$

la durée du placement avait été de 10 années.

48. *Des annuités.* Une annuité est une rente qui n'est payée que pendant un certain nombre d'années, et dont la quotité est telle que le débiteur se trouve, à l'expiration de ce temps, avoir acquitté son emprunt avec les intérêts, en donnant annuellement une même somme. Supposons, pour fixer les idées, qu'un particulier ait emprunté une somme A, à la condition de la rembourser en 4 années par des paiemens annuels égaux; il s'agit de trouver quelle somme a il doit donner chaque année, le taux de l'intérêt étant r.

Observons d'abord que s'il devait s'acquitter en un seul paiement fait à l'expiration des quatre années, il aurait à payer à cette époque (n° 47) une somme représentée par $A(1 + r)^4$; mais à la fin de la première année il donne au prêteur une somme a, qui si elle était placée à intérêts composés pendant 3 ans, vaudrait au bout de ce temps $a(1 + r)^3$; à la fin de la seconde année, il donne également cette somme a, qui placée pendant 2 ans deviendrait $a(1 + r)^2$; à la fin de la troisième année, il donne encore cette même somme a, qui placée pendant un an s'élèverait à $a(1 + r)$; enfin, son dernier paiement, à la fin de la quatrième année, est toujours cette somme a. Or, c'est évidemment la même chose pour le prêteur de recevoir annuellement une somme a pendant 4 ans, ou de recevoir à la fois, à la fin de ces 4 ans, les quatre sommes $a(1 + r)^3$, $a(1 + r)^2$, $a(1 + r)$, a; et comme nous venons de voir que la somme totale qui lui serait due au bout de 4 ans, si l'on ne lui faisait aucun paiement annuel, serait $A(1 + r)^4$, il faut donc qu'on ait l'égalité

$$A(1 + r)^4 = a(1 + r)^3 + a(1 + r)^2 + a(1 + r) + a.$$

Le même raisonnement appliqué à un nombre quelconque m d'années conduirait évidemment à l'égalité plus générale

$$A(1 + r)^m = a(1 + r)^{m-1} + a(1 + r)^{m-2} +$$
$$+ a(1 + r)^{m-3} + \text{etc}...$$
$$.... + a(1 + r) + a.$$

Prenant la somme des termes du second membre qui forment une progression géométrique, on a l'expression

$$(1) ..... \quad A(1 + r)^m = \frac{a}{r}\left[(1 + r)^m - 1\right],$$

laquelle renferme la solution de toutes les questions relatives aux annuités; car il ne s'agit plus que d'isoler dans le premier membre celle des quatre quantités a, A, r, m, qu'on veut prendre pour inconnue. On en tire d'abord les deux formules

$$(2) ..... \quad a = \frac{Ar}{1 - \dfrac{1}{(1 + r)^m}},$$

$$(3) ..... \quad A = \frac{a}{r}\left[1 - \frac{1}{(1 + r)^m}\right],$$

dont la première sert à déterminer la valeur de l'annuité quand on connaît la somme à rembourser, et dont la seconde fait trouver la valeur d'une somme remboursée par une annuité connue.

1er Exemple. *On demande quelle somme on doit payer annuellement pour rembourser en 10 années un emprunt de 4000 fr. avec ses intérêts à 6 pour 100.*

Nous avons les données $A = 4000$, $r = 0,06$, $m = 10$; les substituant dans la formule (2), il vient

$$a = \frac{4000 \times 0,06}{1 - \dfrac{1}{(1,06)^{10}}},$$

Évaluant d'abord isolément la fraction $\left(\dfrac{1}{1,06}\right)^{10}$ au moyen des logarithmes, on trouve $\left(\dfrac{1}{1,06}\right)^{10} = 0,558394$; retranchant ce nombre de l'unité, il vient

$$a = \frac{4000 \times 0,06}{0,441606},$$

et achevant comme il suit le calcul

$$\text{Log } 4000 = 3,477121$$
$$\text{Log } 0,06 = 8.903090$$
$$\text{Somme} = 12.380211$$
$$\text{Log } 0,441606 = 9.645025$$
$$\text{Différence} = 2,735186$$

on obtient $a = 543$ fr. 38 c., parce que ce dernier logarithme est celui de la quantité demandée a.

IIe Exemple. *Quelle somme faut-il prêter pour obtenir une annuité de 500 francs pendant 12 ans, l'intérêt étant à 4 pour 100.*

Ici nous avons $a = 500$, $r = 0,04$, $m = 12$, et il s'agit de trouver la valeur de A. Substituant ces données dans la formule (3), elle devient

$$A = \frac{500}{0,04}\left[1 - \left(\frac{1}{1,04}\right)^{12}\right].$$

Calculant en particulier la valeur de la fraction $\left(\dfrac{1}{1,04}\right)^{12}$, puis, retranchant cette valeur de l'unité, on a

$$A = \frac{500 \times 0,375403}{0,04},$$

ce qui donne, après avoir réalisé les calculs, comme ci-dessus, $A = 4692$ fr. 53 c.

IIIe Exemple. *On demande le nombre d'années pendant lequel il faudra payer une annuité de 500 fr. pour éteindre une dette de 4692 fr. 53 c., l'intérêt étant à 4 pour 100.*

L'inconnue du problème est le nombre m d'années qui entre dans l'expression générale (1), et qu'il serait impossible d'évaluer sans le secours des logarithmes; car ce n'est qu'en prenant les logarithmes des deux membres de cette expression qu'on obtient la relation

$$m = \frac{\text{Log } a - \text{Log } (a - Ar)}{\text{Log } (1 + r)},$$

qui fait connaître la valeur de m au moyen des logarithmes des trois quantités a, $a - Ar$ et $1 + r$.

Nous avons $a = 500$, $A = 4692$ fr. 53 c., $1 + r = 1,04$; et, par suite, $a - Ar = 312,299$. Cherchant dans les tables les logarithmes de ces quantités, on trouve

$$\text{Log } 500 = 2,698970$$
$$\text{Log } 1,04 = 0,017033$$
$$\text{Log } 312,299 = 2,494571$$

d'où l'on conclut

$$m = \frac{2,698970 - 2,494571}{0,017033};$$

effectuant la soustraction, puis la division indiquées, il vient $m = 12$; c'est le nombre demandé.

On pourrait encore se proposer un quatrième problème sur les annuités, celui de trouver le taux de l'intérêt, toutes les autres quantités étant connues; mais sa solution exige des procédés de calcul trop compliqués pour entrer dans cette instruction.

49. *Des complémens arithmétiques.* On nomme *complément arithmétique* d'un nombre ce qu'il faut lui ajouter pour former la puissance de 10, qui lui est immédiatement supérieure. Par exemple, 6 est le complément arithmétique de 4, parce que $4 + 6 = 10$; 21 est le complément de 79, parce que $79 + 21 = 100$; 315 est le complément de 685, parce que $685 + 315 = 1000$, et ainsi de suite.

Pour avoir le complément arithmétique d'un nombre quelconque, il suffit de prendre pour chacun des chiffres qui le composent ce qui lui manque pour égaler 9, sauf le chiffre des unités dont il faut prendre ce qui lui manque pour égaler 10. Par exemple, le nombre 870543 étant donné, on écrit comme il suit, pour former toujours une somme égale à 9,

$$870543$$
$$129457$$

1 au-dessous de 8, 2 au-dessous de 7, 9 au-dessous de 0; 4 au-dessous de 5, 5 au-dessous de 4, et enfin, arrivé au chiffre 3 des unités, on écrit 7 au-dessous pour avoir une somme égale à 10, et de cette manière on a formé effectivement le complément arithmétique de 870543, car la somme des deux nombres est 1000000.

L'extrême facilité de former les complémens arithmétiques les font employer avec avantage pour changer les soustractions en additions, ce qui est particulièrement utile dans les calculs où l'on emploie des logarithmes. Si au lieu, par exemple, de retrancher le logarithme 3,141876 du logarithme 4,693720, ce qui donne

$$4,693720$$
$$3,141876$$
$$\overline{\text{Différence} = 1,551844}$$

on ajoute à 4,693720 le complément arithmétique de 3,141876, savoir : 6,858124, on a

$$4,693720$$
$$6,858124$$
$$\overline{\text{Somme} = 11.551844}$$

et l'on voit que le résultat de l'addition ne diffère de celui de la soustraction que par une dizaine, de sorte qu'en retranchant cette dizaine, les résultats sont identiques.

Pour se rendre compte de cette particularité, il faut observer que si a désigne un logarithme quelconque dont la caractéristique est plus petite que 10, son complément arithmétique est $10 - a$; de sorte qu'en ajoutant ce complément à un autre logarithme b, la somme est $b + 10 - a$, et ne diffère, par conséquent, de la différence $b - a$ de ces deux logarithmes que par les 10 unités qui se retrouvent sur la caractéristique.

Ainsi, en ayant le soin de retrancher les 10 unités de trop qu'introduit dans le résultat l'emploi du complément arithmétique d'un logarithme, on peut ajouter ce complément partout où il serait nécessaire de retrancher le logarithme. Par la même raison, si l'on fait entrer plusieurs complémens dans une addition, il faut retrancher de la somme autant de dizaines qu'on a employé de complémens. Avec cette condition, les trois opérations qu'exige l'évaluation d'un rapport composé, tel, par exemple, que celui du premier problème de la règle conjointe n° 46,

$$27 \text{ toises anglaises} = \frac{27 . 76 . 115}{81 . 59} \text{ mètres}$$

se réduisent à une seule addition. On a

$$\begin{aligned}
\text{Log } 27 &= 1,431364 \\
\text{Log } 76 &= 1,880814 \\
\text{Log } 115 &= 2,060698 \\
\text{Comp. Log } 81 &= 8,091515 \\
\text{Comp. Log } 59 &= 8,229148 \\
\hline
\text{Somme} &= 21,693539.
\end{aligned}$$

Retranchant de cette somme 2 dizaines, parce qu'on a employé 2 complémens, on trouve pour le logarithme du résultat 1,673539, comme on l'a obtenu dans l'exemple cité.

Nous n'avons point fait usage des complémens arithmétiques dans tous les calculs précédens où l'on pourrait les faire entrer, pour ne pas distraire l'attention des commençans par des considérations accessoires, qui ne présentent d'ailleurs aucunes difficultés dès que la marche des opérations est bien fixée.

TABLES

DES

OGARITHMES DES NOMBRES

DEPUIS UN JUSQU'A DIX-MILLE.

PREMIÈRE TABLE DE 1 A 100.

NOMBRES.	LOGARITHMES.	NOMBRES.	LOGARITHMES.	NOMBRES.	LOGARITHMES.	NOMBRES.	LOGARITHMES.	NOMBRES.	LOGARITHMES.
1	0,000000	21	1,322219	41	1,612784	61	1,785330	81	1,908485
2	0,301030	22	1,342423	42	1,623249	62	1,792392	82	1,913814
3	0,477121	23	1,361728	43	1,633468	63	1,799341	83	1,919078
4	0,602060	24	1,380211	44	1,643453	64	1,806180	84	1,924279
5	0,698970	25	1,397940	45	1,653212	65	1,812913	85	1,929419
6	0,778151	26	1,414973	46	1,662758	66	1,819544	86	1,934498
7	0,845098	27	1,431364	47	1,672098	67	1,826075	87	1,939519
8	0,903090	28	1,447158	48	1,681241	68	1,832509	88	1,944483
9	0,954243	29	1,462398	49	1,690196	69	1,838849	89	1,949390
10	1,000000	30	1,477121	50	1,698970	70	1,845098	90	1,954243
11	1,041393	31	1,491362	51	1,707570	71	1,851258	91	1,959041
12	1,079181	32	1,505150	52	1,716003	72	1,857333	92	1,965788
13	1,113943	33	1,518514	53	1,724276	73	1,863322	93	1,968483
14	1,146128	34	1,531479	54	1,732394	74	1,869232	94	1,973128
15	1,176091	35	1,544068	55	1,740363	75	1,875061	95	1,977724
16	1,204112	36	1,556303	56	1,748188	76	1,880814	96	1,982271
17	1,230449	37	1,568202	57	1,755875	77	1,886491	97	1,986772
18	1,255273	38	1,579784	58	1,763428	78	1,892095	98	1,991226
19	1,278754	39	1,591065	59	1,770852	79	1,897627	99	1,995635
20	1,301030	40	1,602060	60	1,778151	80	1,903090	100	2,000000

N.	0	1	2	3	4	5	6	7	8	9
100	00.0000	0434	0868	1301	1734	2166	2598	3029	3461	3891
01	4321	4751	5181	5609	6038	6466	6894	7321	7748	8174
02	8600	9026	9451	9876						
	01.				0300	0724	1147	1570	1993	2415
03	2837	3259	3680	4100	4521	4940	5360	5779	6197	6616
04	7035	7451	7868	8284	8701	9116	9532	9947		
	02.								0361	0775
105	1189	1603	2016	2428	2841	3252	3664	4075	4486	4896
06	5306	5715	6124	6535	6942	7350	7757	8164	8571	8978
07	9384	9789								
	03.		0195	0600	1004	1408	1812	2216	2619	3021
08	3424	3826	4227	4628	5029	5430	5830	6230	6629	7028
09	7427	7825	8223	8620	9017	9414	9811			
	04.							0207	0602	0998
110	1393	1787	2182	2576	2969	3362	3755	4148	4540	4932
11	5323	5714	6105	6495	6885	7275	7664	8053	8442	8830
12	9218	9606	9993							
	05.			0380	0766	1153	1538	1924	2309	2694
13	3078	3463	3846	4230	4613	4996	5378	5760	6142	6524
14	6905	7286	7666	8046	8426	8805	9185	9563	9942	
	06.									0320
115	0698	1075	1452	1829	2206	2582	2958	3333	3709	4085
16	4458	4832	5206	5580	5953	6326	6699	7071	7443	7815
17	8186	8557	8928	9298	9668					
	07.					0058	0407	0776	1145	1514
18	1882	2250	2617	2985	3352	3718	4085	4451	4816	5182
19	5547	5912	6276	6640	7004	7368	7731	8094	8457	8819
120	9181	9543	9904							
	08.			0266	0626	0987	1347	1707	2067	2428
21	2785	3144	3503	3861	4219	4576	4934	5291	5647	6004
22	6360	6716	7071	7426	7781	8136	8490	8845	9198	9552
23	9905									
	09.	0258	0611	0963	1315	1667	2018	2370	2721	3071
24	3422	3772	4122	4471	4820	5169	5518	5866	6215	6562
125	6910	7257	7604	7951	8298	8644	8990	9335	9681	
	10.									0026
26	0371	0715	1059	1403	1747	2091	2434	2777	3119	3462
27	3804	4146	4487	4828	5169	5510	5851	6191	6531	6871
28	7210	7549	7888	8227	8565	8903	9241	9579	9916	
	11.									0253
29	0590	0926	1263	1599	1934	2270	2605	2940	3275	3609
130	3943	4277	4611	4944	5278	5611	5943	6276	6608	6940
31	7271	7603	7934	8265	8595	8926	9256	9586	9915	
	12.									0245
32	0574	0903	1231	1560	1888	2216	2544	2871	3198	3525
33	3852	4178	4504	4830	5156	5481	5806	6131	6456	6781
34	7105	7429	7753	8076	8399	8722	9045	9368	9690	
	13.									0012
135	0334	0655	0977	1298	1619	1939	2260	2580	2900	3219
36	3539	3858	4177	4496	4814	5133	5451	5768	6086	6405
37	6721	7037	7354	7670	7987	8303	8618	8934	9249	9564
38	9879									
	14.	0194	0508	0822	1136	1450	1763	2076	2389	2702
39	3015	3327	3639	3951	4263	4574	4885	5196	5507	5818
140	6128	6438	6748	7058	7367	7676	7985	8294	8603	8911
41	9219	9527	9835							
	15.			0142	0449	0756	1063	1370	1676	1982
42	2288	2594	2900	3205	3510	3815	4120	4424	4728	5032
43	5336	5640	5943	6246	6549	6852	7154	7457	7759	8061
44	8362	8664	8965	9266	9567	9868				
	16.						0168	0468	0769	1068
145	1368	1667	1967	2266	2564	2863	3161	3460	3758	4055
46	4353	4650	4947	5244	5541	5838	6134	6430	6726	7022
47	7317	7613	7908	8203	8497	8792	9086	9381	9674	9968
48	17.0262	0555	0848	1141	1434	1726	2019	2311	2603	2895
49	3186	3478	3769	4060	4351	4641	4932	5222	5512	5802

N.	0	1	2	3	4	5	6	7	8	9
150	17.6091	6381	6670	6960	7248	7536	7825	8113	8401	8689
51	8977	9264	9552	9839						
	18.				0126	0413	0699	0986	1272	1558
52	1844	2129	2415	2700	2985	3270	3554	3839	4123	4407
53	4691	4975	5259	5542	5825	6108	6391	6674	6956	7239
54	7521	7803	8084	8366	8647	8928	9209	9490	9771	
	19.									0051
155	0332	0612	0892	1171	1451	1730	2010	2289	2567	2846
56	3125	3403	3681	3959	4237	4514	4792	5069	5346	5623
57	5900	6176	6452	6729	7005	7281	7556	7832	8107	8382
58	8657	8932	9206	9481	9755					
	20.					0029	0303	0577	0850	1124
59	1397	1670	1943	2216	2488	2761	3033	3305	3577	3848
160	4120	4391	4662	4933	5204	5475	5745	6016	6286	6555
61	6826	7095	7365	7634	7903	8172	8441	8710	8978	9247
62	9515	9783								
	21.		0051	0318	0586	0853	1120	1388	1654	1921
63	2188	2454	2720	2986	3252	3518	3783	4049	4314	4579
64	4844	5109	5373	5638	5902	6166	6430	6694	6957	7221
165	7484	7747	8010	8273	8535	8798	9060	9322	9584	9846
66	22.0108	0370	0631	0892	1153	1414	1675	1936	2196	2456
67	2716	2976	3236	3496	3755	4015	4274	4533	4792	5051
68	5309	5568	5826	6084	6342	6600	6858	7115	7372	7630
69	7887	8144	8400	8657	8913	9170	9426	9682	9938	
	23.									0193
170	0449	0704	0960	1215	1470	1724	1980	2233	2488	2742
71	2996	3250	3504	3757	4011	4264	4517	4770	5023	5276
72	5528	5781	6033	6285	6537	6789	7041	7292	7544	7795
73	8046	8297	8548	8799	9049	9299	9550	9800		
	24.								0050	0300
74	0549	0799	1048	1297	1546	1795	2044	2293	2541	2790
175	3038	3286	3534	3782	4030	4277	4524	4772	5019	5266
76	5513	5760	6006	6252	6499	6745	6991	7236	7482	7729
77	7973	8219	8464	8709	8954	9198	9443	9687	9932	
	25.									0176
78	0420	0664	0908	1151	1395	1638	1881	2125	2367	2610
79	2853	3096	3338	3580	3822	4064	4306	4548	4790	5031
180	5272	5514	5755	5996	6236	6477	6718	6958	7198	7439
81	7679	7918	8158	8398	8637	8877	9116	9355	9594	9833
82	26.0071	0310	0548	0787	1025	1263	1501	1738	1976	2214
83	2451	2688	2925	3162	3399	3636	3873	4109	4345	4582
84	4818	5054	5290	5525	5761	5996	6231	6467	6702	6937
185	7172	7406	7641	7875	8110	8344	8578	8811	9046	9279
86	9513	9746	9980							
	27.			0213	0446	0679	0912	1144	1377	1609
87	1842	2074	2306	2538	2770	3001	3233	3464	3696	3927
88	4158	4389	4620	4850	5081	5311	5542	5772	6002	6232
89	6462	6691	6921	7151	7380	7609	7838	8067	8296	8525
190	8754	8982	9210	9439	9667	9895				
	28.						0123	0351	0578	0806
91	1033	1261	1488	1715	1942	2169	2395	2622	2849	3075
92	3301	3527	3753	3979	4205	4431	4656	4882	5107	5332
93	5557	5782	6007	6232	6456	6681	6905	7130	7354	7578
94	7802	8025	8249	8473	8696	8920	9143	9366	9589	9812
195	29.0035	0257	0480	0702	0925	1147	1369	1591	1813	2034
96	2256	2478	2699	2920	3141	3363	3583	3804	4025	4246
97	4466	4687	4907	5127	5347	5567	5787	6007	6226	6446
98	6665	6884	7104	7323	7542	7761	7979	8198	8416	8635
99	8853	9071	9289	9507	9725	9943				
	30.						0160	0378	0595	0813

N.	0	1	2	3	4	5	6	7	8	9	N.	0	1	2	3	4	5	6	7	8	9

N.	0	1	2	3	4	5	6	7	8	9
200	30.1030	1247	1464	1681	1898	2114	2331	2547	2764	2980
01	3196	3412	3628	3844	4059	4275	4490	4706	4921	5136
02	5351	5566	5781	5996	6210	6425	6639	6854	7068	7282
03	7496	7710	7924	8137	8351	8564	8778	8991	9204	9417
04	9630	9843								
31.			0056	0268	0481	0693	0906	1118	1330	1542
205	1754	1966	2177	2389	2600	2812	3023	3234	3445	3656
06	3867	4078	4289	4499	4710	4920	5130	5340	5550	5760
07	5970	6180	6390	6599	6809	7018	7227	7436	7645	7854
08	8063	8272	8481	8689	8898	9106	9314	9522	9730	9938
09	32.0146	0354	0562	0769	0977	1184	1391	1598	1805	2012
210	2219	2426	2633	2839	3046	3252	3458	3664	3871	4077
11	4282	4488	4694	4899	5105	5310	5516	5721	5926	6131
12	6336	6541	6745	6950	7154	7359	7563	7767	7972	8176
13	8380	8585	8787	8991	9194	9398	9601	9804	0008	0211
33.										
14	0414	0617	0819	1022	1225	1427	1630	1832	2034	2236
215	2430	2640	2842	3044	3246	3447	3649	3850	4051	4253
16	4454	4655	4856	5056	5257	5458	5658	5859	6059	6260
17	6460	6660	6860	7060	7259	7459	7659	7858	8058	8257
18	8456	8656	8855	9051	9255	9451	9650	9849	0017	0246
34.										
19	0444	0642	0840	1039	1237	1434	1632	1830	2028	2225
220	2423	2620	2817	3014	3212	3409	3605	3802	3999	4196
21	4392	4589	4785	4981	5178	5374	5570	5766	5961	6157
22	6353	6549	6744	6939	7135	7330	7525	7720	7915	8110
23	8305	8500	8694	8889	9083	9277	9472	9666	9860	0054
35.										
24	0248	0442	0636	0829	1023	1216	1410	1603	1796	1989
225	2182	2375	2568	2761	2954	3146	3339	3532	3724	3916
26	4108	4301	4493	4685	4876	5068	5260	5451	5643	5834
27	6026	6217	6408	6599	6790	6981	7172	7363	7554	7744
28	7935	8125	8316	8506	8696	8886	9076	9266	9456	9646
29	9835	0025	0215	0404	0593	0783	0972	1161	1350	1539
36.										
230	1728	1917	2105	2294	2482	2671	2860	3048	3236	3424
31	3612	3800	3988	4176	4363	4551	4739	4926	5113	5301
32	5488	5675	5862	6049	6236	6423	6610	6796	6983	7169
33	7356	7542	7728	7915	8101	8287	8473	8659	8844	9030
34	9216	9401	9587	9772	9958	0143	0328	0513	0698	0883
37.										
235	1068	1253	1437	1622	1806	1991	2175	2360	2544	2728
36	2912	3096	3280	3464	3647	3831	4015	4198	4382	4565
37	4748	4932	5115	5298	5481	5664	5846	6029	6212	6394
38	6577	6759	6942	7124	7306	7488	7670	7852	8034	8216
39	8398	8580	8761	8943	9124	9305	9487	9668	9849	0030
38.										
240	0211	0392	0573	0754	0934	1115	1296	1476	1656	1837
41	2017	2197	2377	2557	2737	2917	3097	3277	3457	3636
42	3815	3995	4174	4353	4533	4712	4891	5070	5249	5427
43	5606	5785	5964	6142	6321	6499	6677	6855	7034	7212
44	7390	7568	7746	7923	8101	8279	8456	8634	8811	8989
245	9166	9343	9520	9697	9875	0051	0228	0405	0582	0758
39.										
46	0935	1112	1288	1464	1641	1817	1993	2169	2345	2521
47	2697	2873	3048	3224	3400	3575	3751	3926	4101	4276
48	4452	4627	4802	4977	5152	5326	5501	5676	5850	6025
49	6199	6374	6548	6722	6896	7070	7245	7418	7592	7766

N.	0	1	2	3	4	5	6	7	8	9
250	39.7940	8114	8287	8461	8634	8808	8981	9154	9327	9504
51	9674	9847								
40.			0020	0192	0365	0538	0711	0883	1056	1228
52	1400	1573	1745	1917	2089	2261	2433	2605	2777	2949
53	3120	3292	3464	3635	3807	3978	4149	4320	4492	4663
54	4834	5005	5175	5346	5517	5688	5858	6029	6199	6370
255	6540	6710	6881	7051	7221	7391	7561	7731	7900	8070
56	8240	8410	8579	8749	8918	9087	9257	9426	9595	9764
57	9933									
41.		0102	0271	0440	0608	0777	0946	1114	1283	1451
58	1620	1788	1956	2124	2292	2460	2628	2796	2964	3132
59	3300	3467	3635	3802	3970	4137	4305	4472	4639	4806
260	4973	5140	5307	5474	5641	5808	5974	6141	6308	6474
61	6640	6807	6973	7139	7306	7472	7638	7804	7970	8135
62	8301	8467	8633	8798	8964	9129	9295	9460	9625	9791
63	9956									
42.		0121	0286	0451	0616	0781	0945	1110	1275	1439
64	1604	1768	1933	2097	2261	2426	2590	2754	2918	3082
265	3246	3410	3573	3737	3901	4064	4228	4392	4555	4718
66	4882	5045	5208	5371	5534	5697	5860	6023	6186	6349
67	6511	6674	6836	6999	7161	7324	7486	7648	7811	7973
68	8135	8297	8459	8621	8782	8944	9106	9268	9429	9591
69	9752	9914								
43.			0075	0236	0398	0559	0720	0881	1042	1205
270	1364	1525	1685	1846	2007	2167	2328	2488	2649	2809
71	2969	3129	3290	3450	3610	3770	3930	4090	4249	4409
72	4569	4728	4888	5048	5207	5366	5526	5685	5844	6003
73	6163	6322	6481	6640	6798	6957	7116	7275	7433	7592
74	7751	7909	8067	8226	8384	8542	8700	8859	9017	9175
275	9333	9491	9648	9806	9964	0122	0279	0437	0594	0752
44.										
76	0909	1066	1224	1381	1538	1695	1852	2009	2166	2323
77	2480	2636	2793	2950	3106	3263	3419	3576	3732	3888
78	4045	4201	4357	4513	4669	4825	4981	5137	5293	5448
79	5604	5760	5915	6071	6226	6382	6537	6692	6848	7003
280	7158	7313	7468	7623	7778	7933	8088	8242	8397	8552
81	8706	8861	9015	9170	9324	9479	9633	9787	9941	0095
45.										
82	0249	0403	0557	0711	0865	1018	1172	1326	1479	1633
83	1786	1940	2095	2247	2400	2553	2706	2859	3012	3165
84	3318	3471	3624	3777	3930	4082	4235	4387	4540	4692
285	4845	4997	5149	5302	5454	5606	5758	5910	6062	6214
86	6366	6518	6670	6821	6973	7125	7276	7428	7579	7730
87	7882	8033	8184	8336	8487	8638	8789	8940	9091	9242
88	9392	9543	9694	9845	9995					
46.						0146	0296	0447	0597	0747
89	0898	1048	1198	1348	1498	1649	1799	1948	2098	2248
290	2398	2548	2697	2847	2997	3146	3296	3445	3594	3744
91	3893	4042	4191	4340	4489	4639	4787	4936	5085	5234
92	5383	5532	5680	5829	5977	6126	6274	6423	6571	6719
93	6868	7016	7164	7312	7460	7608	7756	7904	8052	8200
94	8347	8495	8643	8790	8938	9085	9233	9380	9527	9675
295	9822	9969								
47.			0116	0263	0410	0557	0704	0851	0998	1145
96	1292	1438	1585	1732	1878	2025	2171	2317	2464	2610
97	2756	2903	3049	3195	3341	3487	3633	3779	3925	4070
98	4216	4362	4508	4653	4799	4944	5090	5235	5381	5526
99	5671	5816	5962	6107	6252	6397	6542	6687	6832	6976

N.	0	1	2	3	4	5	6	7	8	9	N.	0	1	2	3	4	5	6	7	8	9

N.	0	1	2	3	4	5	6	7	8	9
300	47.7121	7206	7411	7555	7700	7844	7989	8155	8278	8422
01	8566	8711	8855	8999	9143	9287	9431	9575	9719	9863
02	48.0007	0151	0294	0438	0582	0725	0869	1012	1156	1299
03	1443	1586	1729	1872	2016	2159	2302	2445	2588	2731
04	2874	3016	3159	3302	3445	3587	3730	3872	4015	4157
305	4300	4452	4584	4727	4869	5011	5153	5295	5437	5579
06	5721	5863	6005	6147	6289	6430	6572	6714	6855	6997
07	7138	7280	7421	7563	7704	7845	7986	8127	8269	8410
08	8551	8692	8833	8975	9114	9255	9396	9537	9677	9818
09	9958									
49.		0099	0259	0380	0520	0661	0801	0941	1081	1222
310	1362	1502	1642	1732	1922	2062	2201	2341	2481	2621
11	2760	2900	3040	3180	3319	3458	3597	3737	3876	4015
12	4155	4294	4433	4572	4711	4850	4989	5128	5267	5406
13	5544	5683	5822	5960	6099	6237	6376	6514	6653	6791
14	6930	7068	7206	7344	7482	7621	7759	7897	8035	8173
315	8311	8448	8586	8724	8862	8999	9137	9275	9412	9550
16	9687	9824	9962							
50.				0099	0236	0374	0511	0648	0785	0922
17	1059	1196	1333	1470	1607	1744	1880	2017	2154	2290
18	2427	2564	2700	2837	2973	3109	3246	3382	3518	3654
19	3791	3927	4063	4199	4335	4471	4607	4743	4878	5014
320	5150	5286	5421	5557	5692	5828	5963	6099	6234	6370
21	6505	6640	6775	6911	7046	7181	7316	7451	7586	7721
22	7856	7991	8126	8260	8395	8530	8664	8799	8933	9068
23	9203	9337	9471	9606	9740	9874				
51.							0008	0143	0277	0411
24	0545	0679	0813	0947	1081	1214	1348	1482	1616	1750
325	1883	2017	2150	2284	2417	2551	2684	2818	2951	3084
26	3218	3351	3484	3617	3750	3883	4016	4149	4282	4415
27	4548	4680	4813	4946	5079	5211	5344	5476	5609	5741
28	5874	6006	6139	6271	6403	6535	6668	6800	6932	7064
29	7196	7328	7460	7592	7724	7855	7987	8119	8251	8382
330	8514	8645	8777	8909	9040	9172	9303	9434	9566	9697
31	9828	9959								
52.			0090	0221	0352	0483	0614	0745	0876	1007
32	1138	1269	1400	1530	1661	1792	1922	2053	2183	2314
33	2444	2575	2705	2835	2966	3096	3226	3356	3486	3616
34	3746	3876	4006	4136	4266	4396	4526	4656	4785	4915
335	5045	5174	5304	5434	5563	5693	5822	5951	6081	6210
36	6339	6469	6598	6727	6856	6985	7114	7243	7372	7501
37	7630	7759	7888	8016	8145	8274	8402	8531	8660	8788
38	8917	9045	9174	9302	9430	9559	9687	9815	9943	
53.										0072
39	0200	0328	0456	0584	0712	0840	0968	1096	1223	1351
340	1479	1607	1734	1862	1990	2117	2245	2372	2500	2627
41	2754	2882	3009	3136	3263	3391	3518	3645	3772	3899
42	4026	4153	4280	4407	4534	4661	4787	4914	5041	5167
43	5294	5421	5547	5674	5800	5927	6053	6180	6306	6432
44	6558	6685	6811	6937	7063	7189	7315	7441	7567	7693
345	7819	7945	8071	8197	8322	8448	8574	8699	8825	8951
46	9076	9202	9327	9453	9578	9703	9829	9954		
54.									0079	0204
47	0329	0455	0580	0705	0830	0955	1080	1205	1330	1454
48	1579	1704	1829	1954	2078	2203	2327	2452	2576	2701
49	2825	2950	3074	3199	3323	3447	3571	3696	3820	3944

N.	0	1	2	3	4	5	6	7	8	9
350	54.4068	4192	4316	4440	4564	4688	4812	4936	5060	5183
51	5307	5451	5554	5678	5802	5925	6049	6172	6296	6419
52	6543	6666	6789	6913	7036	7159	7282	7405	7529	7652
53	7775	7898	8021	8144	8267	8389	8512	8635	8758	8881
54	9005	9126	9249	9371	9494	9616	9739	9861	9934	
55.										0106
355	0228	0351	0473	0595	0717	0840	0962	1084	1206	1328
56	1450	1572	1694	1816	1938	2060	2181	2303	2425	2546
57	2668	2790	2911	3033	3154	3276	3397	3519	3640	3762
58	3883	4004	4126	4247	4368	4489	4610	4731	4852	4973
59	5094	5215	5336	5457	5578	5699	5820	5940	6061	6182
360	6302	6423	6544	6664	6785	6905	7026	7146	7266	7387
61	7507	7627	7748	7868	7988	8108	8228	8348	8469	8589
62	8709	8829	8948	9068	9188	9308	9428	9548	9667	9787
63	9907									
56.		0028	0146	0265	0385	0504	0624	0743	0863	0982
64	1101	1221	1340	1459	1578	1697	1817	1936	2055	2174
365	2293	2412	2531	2650	2768	2887	3006	3125	3244	3362
66	3481	3600	3718	3837	3955	4074	4192	4311	4429	4548
67	4666	4784	4903	5021	5159	5257	5375	5493	5612	5730
68	5848	5966	6084	6202	6320	6437	6555	6673	6791	6909
69	7026	7144	7262	7379	7497	7614	7732	7849	7967	8084
370	8202	8319	8436	8553	8671	8788	8905	9023	9140	9257
71	9374	9491	9608	9725	9842	9959				
57.							0076	0193	0309	0426
72	0543	0660	0776	0893	1010	1126	1243	1359	1476	1592
73	1709	1825	1942	2058	2174	2291	2407	2523	2639	2755
74	2872	2988	3104	3220	3336	3452	3568	3684	3800	3915
375	4031	4147	4263	4379	4494	4610	4726	4841	4957	5072
76	5188	5303	5419	5534	5650	5765	5880	5996	6111	6226
77	6341	6456	6572	6687	6802	6917	7032	7147	7262	7377
78	7492	7607	7721	7836	7951	8066	8181	8295	8410	8525
79	8639	8754	8868	8983	9097	9212	9326	9441	9555	9669
380	9784	9898								
58.			0012	0126	0240	0355	0469	0583	0697	0811
81	0925	1039	1153	1267	1381	1494	1608	1722	1836	1950
82	2063	2177	2291	2404	2518	2631	2745	2858	2972	3085
83	3199	3312	3425	3539	3652	3765	3879	3992	4105	4218
84	4331	4444	4557	4670	4783	4896	5009	5122	5235	5348
385	5461	5573	5686	5799	5912	6024	6137	6250	6362	6475
86	6587	6700	6812	6925	7037	7149	7262	7374	7486	7599
87	7711	7823	7935	8047	8160	8272	8384	8496	8608	8720
88	8832	8944	9055	9167	9279	9391	9503	9614	9726	9838
89	9950									
59.		0061	0173	0284	0396	0508	0619	0730	0842	0953
390	1065	1176	1287	1399	1510	1621	1732	1843	1955	2066
91	2177	2288	2399	2510	2621	2732	2843	2954	3064	3175
92	3286	3397	3508	3618	3729	3840	3950	4061	4171	4282
93	4393	4503	4613	4724	4834	4945	5055	5165	5276	5386
94	5496	5606	5717	5827	5937	6047	6157	6267	6377	6487
395	6597	6707	6817	6927	7037	7146	7256	7366	7476	7586
96	7695	7805	7914	8024	8134	8243	8353	8462	8572	8681
97	8791	8900	9009	9119	9228	9337	9446	9556	9665	9774
98	9883	9992								
60.			0101	0210	0319	0428	0537	0646	0755	0864
99	0973	1082	1190	1299	1408	1517	1625	1734	1843	1951

N.	0	1	2	3	4	5	6	7	8	9
N.	0	1	2	3	4	5	6	7	8	9

N.	0	1	2	3	4	5	6	7	8	9
400	60.2060	2169	2277	2386	2494	2602	2711	2819	2928	3036
01	3144	3253	3361	3469	3577	3685	3794	3902	4010	4118
02	4226	4334	4442	4550	4658	4766	4874	4982	5089	5197
03	5305	5413	5520	5628	5736	5843	5951	6059	6166	6274
04	6381	6489	6596	6704	6811	6918	7026	7133	7240	7348
405	7455	7562	7669	7777	7884	7991	8098	8205	8312	8419
06	8526	8633	8740	8847	8954	9060	9167	9274	9381	9488
07	9594	9701	9808	9914	0021	0128	0234	0341	0447	0554
61.										
08	0660	0767	0873	0979	1086	1192	1298	1405	1511	1617
09	1723	1829	1936	2042	2148	2254	2360	2466	2572	2678
410	2784	2890	2996	3101	3207	3313	3419	3525	3630	3736
11	3842	3947	4053	4159	4264	4370	4475	4581	4686	4792
12	4897	5003	5108	5213	5319	5424	5529	5634	5740	5845
13	5950	6055	6160	6265	6370	6475	6580	6685	6790	6895
14	7000	7105	7210	7315	7420	7525	7629	7734	7839	7943
415	8048	8153	8257	8362	8466	8571	8675	8780	8884	8989
16	9093	9198	9302	9406	9511	9615	9719	9823	9928	0032
62.										
17	0136	0240	0344	0448	0552	0656	0760	0864	0968	1072
18	1176	1280	1384	1488	1592	1695	1799	1903	2007	2110
19	2214	2318	2421	2525	2628	2732	2835	2939	3042	3146
420	3249	3353	3456	3559	3663	3766	3869	3972	4076	4179
21	4282	4385	4488	4591	4694	4798	4901	5004	5107	5209
22	5312	5415	5518	5621	5724	5827	5930	6032	6135	6238
23	6340	6443	6546	6648	6751	6853	6956	7058	7161	7263
24	7366	7468	7571	7673	7775	7878	7980	8082	8184	8287
425	8389	8491	8593	8695	8797	8900	9002	9104	9206	9308
26	9410	9511	9613	9715	9817	9919	0021	0123	0224	0326
63.										
27	0428	0530	0631	0733	0834	0936	1038	1139	1241	1342
28	1444	1546	1647	1748	1849	1951	2052	2153	2255	2356
29	2457	2558	2660	2760	2862	2963	3064	3165	3266	3367
430	3468	3569	3670	3771	3872	3973	4074	4175	4276	4376
31	4477	4578	4679	4779	4880	4981	5081	5182	5283	5383
32	5484	5584	5685	5785	5886	5986	6086	6187	6287	6388
33	6488	6588	6688	6789	6889	6989	7089	7189	7289	7390
34	7490	7590	7690	7790	7890	7990	8090	8190	8289	8389
435	8489	8589	8689	8789	8888	8988	9088	9188	9287	9387
36	9486	9586	9686	9785	9885	9984	0084	0183	0283	0382
64.										
37	0481	0581	0680	0779	0879	0978	1077	1176	1276	1375
38	1474	1573	1672	1771	1870	1970	2069	2168	2267	2366
39	2464	2563	2662	2761	2860	2959	3058	3156	3255	3354
440	3453	3551	3650	3749	3847	3946	4044	4143	4242	4340
41	4439	4537	4635	4734	4832	4931	5029	5127	5226	5324
42	5422	5520	5619	5717	5815	5915	6011	6109	6208	6306
43	6404	6502	6600	6698	6796	6894	6991	7089	7187	7285
44	7383	7481	7579	7676	7774	7872	7969	8067	8165	8262
445	8360	8458	8552	8653	8750	8848	8946	9043	9140	9237
46	9335	9432	9530	9627	9724	9821	9919	0016	0113	0210
65.										
47	0308	0405	0502	0599	0696	0793	0890	0987	1084	1181
48	1278	1375	1472	1569	1666	1762	1859	1956	2053	2150
49	2246	2343	2440	2536	2633	2730	2826	2923	3019	3116

N.	0	1	2	3	4	5	6	7	8	9
450	65.3213	3309	3405	3502	3598	3695	3791	3888	3984	4080
51	4177	4273	4369	4465	4562	4658	4754	4850	4946	5042
52	5138	5234	5331	5427	5523	5619	5714	5810	5906	6002
53	6098	6194	6290	6386	6481	6577	6673	6769	6864	6960
54	7056	7151	7247	7343	7438	7534	7629	7725	7820	7916
455	8011	8107	8202	8298	8393	8488	8584	8679	8774	8870
56	8965	9060	9155	9250	9346	9441	9536	9631	9726	9821
57	9916	0011	0106	0201	0296	0391	0486	0581	0676	0771
66.										
58	0865	0960	1055	1150	1245	1339	1434	1529	1623	1718
59	1813	1907	2002	2096	2191	2285	2380	2474	2569	2663
460	2758	2852	2947	3041	3135	3230	3324	3418	3512	3607
61	3701	3795	3889	3983	4078	4172	4266	4360	4454	4548
62	4642	4736	4830	4924	5018	5112	5206	5299	5393	5487
63	5581	5675	5769	5862	5956	6050	6145	6237	6331	6424
64	6518	6612	6705	6799	6892	6986	7079	7173	7266	7359
465	7453	7546	7640	7733	7826	7920	8013	8106	8199	8293
66	8386	8479	8572	8665	8758	8852	8945	9038	9131	9224
67	9317	9410	9503	9596	9689	9782	9874	9967	0060	0153
67.										
68	0246	0339	0431	0524	0617	0710	0802	0895	0988	1080
69	1173	1265	1358	1451	1543	1636	1728	1821	1913	2005
470	2098	2190	2285	2375	2467	2560	2652	2744	2836	2929
71	3021	3113	3205	3297	3390	3482	3574	3666	3758	3850
72	3942	4034	4126	4218	4310	4402	4494	4586	4677	4769
73	4861	4953	5045	5136	5228	5320	5412	5503	5595	5687
74	5778	5870	5961	6053	6145	6236	6328	6419	6511	6602
475	6694	6785	6876	6968	7059	7150	7242	7333	7424	7516
76	7607	7698	7789	7881	7972	8063	8154	8245	8336	8427
77	8518	8609	8700	8791	8882	8973	9064	9155	9246	9337
78	9428	9519	9610	9700	9791	9882	9973	0063	0154	0245
68.										
79	0336	0426	0517	0607	0698	0789	0879	0970	1060	1151
480	1241	1332	1422	1513	1603	1693	1784	1874	1964	2055
81	2145	2235	2326	2416	2506	2596	2686	2777	2867	2957
82	3047	3137	3227	3317	3407	3497	3587	3677	3767	3857
83	3947	4037	4127	4217	4307	4396	4486	4576	4666	4756
84	4845	4935	5025	5111	5204	5294	5383	5473	5563	5652
485	5742	5831	5921	6010	6100	6189	6279	6368	6457	6547
86	6636	6726	6815	6904	6994	7083	7172	7261	7351	7440
87	7529	7618	7707	7796	7885	7975	8064	8153	8242	8331
88	8420	8509	8598	8687	8776	8865	8955	9042	9131	9220
89	9309	9398	9486	9575	9664	9753	9841	9930	0019	0107
69.										
490	0196	0285	0373	0462	0550	0639	0727	0816	0905	0993
91	1081	1170	1258	1347	1435	1523	1612	1700	1788	1877
92	1965	2053	2142	2230	2318	2406	2494	2583	2671	2759
93	2847	2935	3023	3111	3199	3287	3375	3463	3551	3639
94	3727	3815	3903	3991	4078	4166	4254	4342	4430	4517
495	4605	4693	4781	4868	4956	5044	5131	5219	5306	5394
96	5482	5569	5657	5744	5832	5919	6007	6094	6182	6269
97	6356	6444	6531	6618	6706	6793	6880	6968	7055	7142
98	7229	7316	7404	7491	7578	7665	7752	7839	7926	8013
99	8101	8188	8275	8362	8448	8535	8622	8709	8796	8883

N.	0	1	2	3	4	5	6	7	8	9	N.	0	1	2	3	4	5	6	7	8	9

N.	0	1	2	3	4	5	6	7	8	9
500	69.8970	9057	9144	9230	9317	9404	9491	9578	9664	9751
01	9838	9924								
70.			0011	0098	0184	0271	0375	0444	0531	0617
02	0704	0790	0878	0963	1050	1136	1222	1309	1395	1482
03	1568	1654	1741	1827	1913	1999	2086	2172	2258	2344
04	2431	2517	2603	2689	2775	2861	2947	3033	3119	3205
505	3291	3377	3463	3549	3635	3721	3807	3893	3979	4065
06	4151	4236	4322	4408	4494	4579	4665	4751	4837	4922
07	5008	5091	5179	5265	5350	5436	5522	5607	5693	5778
08	5864	5949	6035	6120	6205	6291	6376	6462	6547	6632
09	6718	6803	6888	6974	7059	7144	7229	7315	7400	7485
510	7570	7655	7740	7826	7911	7996	8081	8166	8251	8336
11	8421	8506	8591	8676	8761	8846	8930	9015	9100	9185
12	9270	9355	9440	9524	9609	9694	9779	9863	9948	
71.										0033
13	0117	0202	0287	0371	0456	0540	0625	0710	0794	0879
14	0963	1048	1132	1216	1301	1385	1470	1554	1658	1723
515	1807	1891	1976	2060	2144	2229	2313	2397	2481	2565
16	2650	2734	2818	2902	2986	3070	3154	3238	3322	3406
17	3491	3574	3658	3742	3826	3910	3994	4078	4162	4246
18	4330	4414	4497	4581	4665	4749	4832	4916	5000	5084
19	5167	5251	5335	5418	5502	5586	5669	5753	5836	5920
520	6003	6087	6170	6254	6337	6421	6504	6588	6671	6754
21	6838	6921	7004	7088	7171	7254	7338	7421	7504	7587
22	7671	7754	7837	7920	8003	8086	8169	8252	8336	8419
23	8502	8585	8668	8751	8834	8917	9000	9083	9165	9248
24	9331	9414	9497	9580	9663	9745	9828	9911	9994	
72.										0077
525	0159	0242	0325	0407	0490	0573	0655	0738	0821	0903
26	0986	1068	1151	1233	1316	1398	1481	1563	1646	1728
27	1811	1893	1975	2058	2140	2222	2305	2387	2469	2552
28	2634	2716	2798	2881	2963	3045	3127	3209	3291	3374
29	3456	3538	3620	3702	3784	3866	3948	4030	4112	4194
530	4276	4358	4440	4522	4603	4685	4767	4849	4931	5013
31	5095	5176	5258	5340	5422	5503	5585	5667	5748	5830
32	5912	5993	6075	6156	6238	6320	6401	6483	6564	6646
33	6727	6809	6890	6972	7053	7134	7216	7297	7379	7460
34	7541	7623	7704	7785	7866	7948	8029	8110	8191	8273
535	8354	8435	8516	8597	8678	8759	8841	8922	9003	9084
36	9165	9246	9327	9408	9489	9570	9651	9732	9812	9893
37	9974									
73.		0055	0136	0217	0298	0378	0459	0540	0621	0701
38	0782	0863	0944	1024	1105	1186	1266	1347	1428	1508
39	1589	1669	1750	1830	1911	1991	2072	2152	2233	2313
540	2394	2474	2555	2635	2715	2796	2876	2956	3037	3117
41	3197	3277	3358	3438	3518	3598	3679	3759	3839	3919
42	3999	4079	4159	4240	4320	4400	4479	4560	4640	4720
43	4800	4880	4960	5040	5120	5199	5279	5359	5439	5519
44	5599	5679	5758	5838	5918	5999	6078	6157	6237	6317
545	6396	6476	6556	6635	6715	6795	6874	6954	7033	7113
46	7193	7272	7352	7431	7511	7590	7670	7749	7828	7908
47	7987	8067	8146	8225	8305	8384	8463	8543	8622	8701
48	8781	8860	8939	9018	9097	9177	9256	9335	9414	9493
49	9572	9651	9730	9810	9889	9968				
74.							0047	0126	0205	0284

N.	0	1	2	3	4	5	6	7	8	9
550	74.0363	0442	0521	0600	0678	0757	0836	0915	0994	1073
51	1152	1230	1309	1388	1467	1545	1624	1703	1782	1860
52	1939	2018	2096	2175	2254	2332	2411	2489	2568	2647
53	2725	2804	2882	2961	3039	3118	3196	3274	3353	3431
54	3510	3588	3666	3745	3823	3902	3980	4058	4136	4215
555	4293	4371	4449	4528	4606	4684	4762	4840	4918	4997
56	5075	5153	5231	5309	5387	5465	5543	5621	5699	5777
57	5855	5933	6011	6089	6167	6245	6323	6401	6478	6556
58	6634	6712	6790	6868	6945	7023	7101	7179	7256	7334
59	7412	7489	7567	7645	7722	7800	7878	7955	8033	8110
560	8188	8266	8343	8421	8498	8576	8653	8731	8808	8885
61	8963	9040	9118	9195	9272	9350	9427	9504	9582	9659
62	9736	9814	9891	9968						
75.					0045	0122	0200	0277	0354	0431
63	0508	0585	0663	0740	0817	0894	0971	1048	1125	1202
64	1279	1356	1433	1510	1587	1664	1741	1818	1895	1972
565	2048	2125	2202	2279	2356	2433	2509	2586	2663	2740
66	2816	2893	2970	3047	3123	3200	3277	3353	3430	3506
67	3583	3660	3736	3813	3889	3966	4042	4119	4195	4272
68	4348	4425	4501	4578	4654	4730	4807	4883	4960	5036
69	5112	5189	5265	5341	5417	5494	5570	5646	5722	5799
570	5875	5951	6027	6103	6179	6256	6332	6408	6484	6560
71	6636	6712	6788	6864	6940	7016	7092	7168	7244	7320
72	7396	7472	7548	7624	7700	7775	7851	7927	8003	8079
73	8155	8230	8306	8382	8458	8533	8609	8685	8760	8836
74	8912	8987	9063	9139	9214	9290	9366	9441	9517	9592
575	9668	9743	9819	9894	9970					
76.						0045	0121	0196	0272	0347
76	0422	0498	0573	0649	0724	0799	0875	0950	1025	1100
77	1176	1251	1326	1402	1477	1552	1627	1702	1777	1853
78	1928	2003	2078	2153	2228	2303	2378	2453	2528	2603
79	2679	2754	2829	2903	2978	3053	3128	3203	3278	3353
580	3428	3503	3578	3653	3727	3802	3877	3952	4027	4101
81	4176	4251	4326	4400	4475	4550	4624	4699	4774	4848
82	4923	4998	5072	5147	5221	5296	5370	5445	5519	5594
83	5669	5743	5817	5892	5966	6041	6115	6190	6264	6338
84	6413	6487	6562	6636	6710	6784	6859	6933	7007	7082
585	7156	7230	7304	7378	7453	7527	7601	7675	7749	7823
86	7898	7972	8046	8120	8194	8268	8342	8416	8490	8564
87	8638	8712	8786	8860	8934	9008	9082	9156	9230	9303
88	9377	9451	9525	9599	9673	9746	9820	9894	9968	
77.										0042
89	0115	0189	0263	0336	0410	0484	0557	0631	0705	0778
590	0852	0926	0999	1073	1146	1220	1293	1367	1440	1514
91	1587	1661	1734	1808	1881	1955	2028	2102	2175	2248
92	2322	2395	2468	2542	2615	2688	2762	2835	2908	2981
93	3055	3128	3201	3274	3347	3421	3494	3567	3640	3713
94	3786	3860	3933	4006	4079	4152	4225	4298	4371	4444
595	4517	4590	4663	4736	4809	4882	4955	5028	5100	5173
96	5246	5319	5392	5465	5538	5610	5683	5756	5829	5902
97	5974	6047	6120	6192	6265	6338	6411	6483	6556	6629
98	6701	6774	6846	6919	6992	7064	7137	7209	7282	7354
99	7427	7499	7572	7644	7717	7789	7862	7934	8006	8079

| N. | 0 | 1 | 2 | 3 | 4 | 5 | 6 | 7 | 8 | 9 |

N.	0	1	2	3	4	5	6	7	8	9
600	77.8151	8224	8296	8368	8441	8513	8585	8658	8730	8802
01	8874	8947	9019	9091	9163	9236	9308	9380	9452	9524
02	9596	9669	9741	9813	9885	9957	78.0029	0101	0173	0245
03	0317	0389	0461	0553	0605	0677	0749	0821	0893	0965
04	1037	1109	1181	1253	1324	1396	1468	1540	1612	1681
605	1755	1827	1899	1971	2042	2114	2186	2258	2329	2401
06	2472	2544	2616	2688	2759	2831	2902	2974	3046	3117
07	3189	3260	3332	3403	3475	3546	3618	3689	3761	3832
08	3904	3975	4046	4118	4189	4261	4332	4403	4475	4546
09	4617	4689	4760	4831	4902	4974	5045	5116	5187	5259
610	5330	5401	5472	5543	5614	5686	5759	5828	5899	5970
11	6041	6112	6183	6254	6325	6396	6467	6538	6609	6680
12	6751	6822	6893	6964	7035	7106	7177	7248	7319	7390
13	7460	7531	7602	7673	7744	7815	7885	7956	8027	8098
14	8168	8239	8310	8380	8451	8522	8593	8663	8734	8804
615	8875	8946	9016	9087	9157	9228	9299	9369	9440	9510
16	9581	9651	9722	9792	9863	9933	79.0003	0074	0144	0215
17	0285	0355	0426	0496	0567	0637	0707	0778	0848	0918
18	0988	1059	1129	1199	1269	1340	1410	1480	1550	1620
19	1691	1761	1831	1901	1971	2041	2111	2181	2252	2322
620	2392	2462	2532	2602	2672	2742	2812	2882	2952	3022
21	3092	3161	3231	3301	3371	3441	3511	3581	3651	3721
22	3790	3860	3930	4000	4070	4139	4209	4279	4349	4418
23	4488	4558	4627	4697	4767	4836	4906	4976	5045	5115
24	5185	5254	5324	5393	5463	5532	5602	5671	5741	5810
625	5880	5949	6019	6088	6158	6227	6297	6366	6436	6505
26	6574	6644	6713	6782	6852	6921	6990	7060	7129	7198
27	7268	7337	7406	7475	7544	7614	7683	7752	7821	7890
28	7960	8029	8098	8167	8236	8305	8374	8443	8512	8582
29	8651	8720	8789	8858	8927	8996	9065	9134	9203	9272
630	9341	9409	9478	9547	9616	9685	9754	9823	9892	9960
31	80.0029	0098	0167	0236	0305	0373	0442	0511	0580	0648
32	0717	0786	0854	0923	0992	1060	1129	1198	1266	1335
33	1404	1472	1541	1609	1678	1747	1815	1884	1952	2021
34	2089	2158	2226	2295	2363	2432	2500	2568	2637	2705
635	2774	2842	2910	2979	3047	3116	3184	3252	3320	3389
36	3457	3525	3594	3662	3730	3798	3867	3935	4003	4071
37	4139	4208	4276	4344	4412	4480	4548	4616	4684	4753
38	4821	4889	4957	5025	5093	5161	5229	5297	5365	5433
39	5501	5569	5637	5705	5773	5840	5908	5976	6044	6112
640	6180	6248	6316	6383	6451	6519	6587	6655	6722	6790
41	6858	6926	6994	7061	7129	7197	7264	7332	7400	7467
42	7535	7603	7670	7738	7805	7873	7941	8008	8076	8143
43	8211	8278	8346	8414	8481	8549	8616	8683	8751	8818
44	8886	8953	9021	9088	9155	9223	9290	9358	9425	9492
645	9560	9627	9694	9762	9829	9896	9963	81.0031	0098	0165
46	0233	0300	0367	0434	0501	0568	0636	0703	0770	0837
47	0904	0971	1038	1106	1173	1240	1307	1374	1441	1508
48	1575	1642	1709	1776	1843	1910	1977	2044	2111	2178
49	2245	2312	2378	2445	2512	2579	2646	2713	2780	2846

N.	0	1	2	3	4	5	6	7	8	9
650	81.2913	2980	3047	3114	3180	3247	3314	3381	3447	3514
51	3581	3648	3714	3781	3848	3914	3981	4048	4114	4181
52	4248	4314	4381	4447	4514	4580	4647	4714	4780	4847
53	4913	4980	5046	5113	5179	5246	5312	5378	5445	5511
54	5578	5644	5710	5777	5843	5910	5976	6042	6109	6175
655	6241	6308	6374	6440	6506	6573	6639	6705	6771	6838
56	6904	6970	7036	7102	7169	7235	7301	7367	7433	7499
57	7565	7631	7698	7764	7830	7896	7962	8028	8094	8160
58	8226	8292	8358	8424	8490	8556	8622	8688	8754	8819
59	8885	8951	9017	9083	9149	9215	9281	9346	9412	9478
660	9544	9610	9675	9741	9807	9873	9937	82.0004	0070	0136
61	0201	0267	0333	0398	0464	0530	0595	0661	0729	0792
62	0858	0924	0989	1055	1120	1186	1251	1317	1382	1448
63	1513	1579	1644	1710	1775	1841	1906	1972	2037	2103
64	2168	2233	2299	2364	2430	2495	2560	2626	2691	2756
665	2822	2887	2952	3017	3083	3148	3213	3279	3344	3409
66	3474	3539	3605	3670	3735	3800	3865	3930	3996	4061
67	4126	4191	4256	4321	4386	4451	4516	4581	4646	4711
68	4776	4841	4906	4971	5036	5101	5166	5231	5296	5361
69	5426	5491	5556	5621	5686	5751	5815	5880	5945	6010
670	6075	6140	6204	6269	6334	6399	6463	6528	6593	6658
71	6723	6787	6852	6917	6981	7046	7111	7175	7240	7305
72	7369	7434	7498	7563	7628	7692	7757	7821	7886	7950
73	8015	8080	8144	8209	8273	8338	8402	8466	8531	8595
74	8660	8724	8789	8853	8918	8982	9046	9111	9175	9239
675	9304	9368	9432	9497	9561	9625	9690	9754	9818	9882
76	9947	83.0011	0075	0139	0204	0268	0332	0396	0460	0524
77	0589	0653	0717	0781	0845	0909	0973	1037	1102	1166
78	1230	1294	1358	1422	1486	1550	1614	1678	1742	1806
79	1870	1934	1998	2062	2125	2189	2253	2317	2381	2445
680	2509	2573	2637	2700	2764	2828	2892	2956	3019	3083
81	3147	3211	3275	3338	3402	3466	3530	3593	3657	3721
82	3784	3848	3912	3975	4039	4103	4166	4230	4293	4357
83	4421	4484	4548	4611	4675	4738	4802	4866	4929	4993
84	5056	5120	5183	5246	5310	5373	5437	5500	5564	5627
685	5691	5754	5817	5881	5944	6007	6071	6134	6197	6261
86	6324	6387	6451	6514	6577	6640	6704	6767	6830	6893
87	6957	7020	7083	7146	7209	7273	7336	7399	7462	7525
88	7588	7652	7715	7778	7841	7904	7967	8030	8093	8156
89	8219	8282	8345	8408	8471	8534	8597	8660	8723	8786
690	8849	8912	8975	9038	9101	9164	9227	9289	9352	9415
91	9478	9541	9604	9667	9729	9792	9855	9918	9981	84.0043
92	0106	0169	0232	0294	0357	0420	0482	0545	0608	0671
93	0733	0796	0859	0921	0984	1046	1109	1172	1234	1297
94	1359	1422	1485	1547	1610	1672	1735	1797	1860	1922
695	1985	2047	2110	2172	2235	2297	2360	2422	2484	2545
96	2609	2672	2734	2796	2859	2921	2983	3046	3108	3170
97	3233	3295	3357	3420	3482	3544	3606	3669	3731	3793
98	3855	3918	3980	4042	4104	4166	4229	4291	4353	4415
99	4477	4539	4601	4663	4726	4788	4850	4912	4974	5036

N.	0	1	2	3	4	5	6	7	8	9

N.	0	1	2	3	4	5	6	7	8	9
700	84.5098	5160	5222	5284	5346	5408	5470	5532	5594	5656
01	5718	5780	5842	5904	5966	6028	6090	6151	6213	6275
02	6357	6399	6461	6523	6584	6646	6708	6770	6832	6893
03	6955	7017	7079	7141	7202	7264	7326	7388	7449	7511
04	7573	7634	7696	7758	7819	7881	7943	8004	8066	8127
705	8189	8251	8312	8374	8435	8497	8559	8620	8682	8743
06	8805	8866	8928	8989	9051	9112	9174	9235	9296	9358
07	9419	9481	9542	9604	9665	9726	9788	9849	9911	9972
08	85.0033	0095	0156	0217	0279	0340	0401	0462	0524	0585
09	0646	0707	0789	0850	0894	0952	1014	1075	1136	1197
710	1258	1319	1381	1442	1503	1564	1625	1686	1747	1808
11	1870	1931	1992	2053	2114	2175	2236	2297	2358	2419
12	2480	2541	2602	2663	2724	2785	2846	2907	2968	3029
13	3090	3150	3211	3272	3333	3394	3455	3516	3576	3637
14	3698	3759	3820	3881	3941	4002	4063	4124	4184	4245
715	4306	4367	4427	4488	4549	4610	4670	4731	4792	4852
16	4913	4974	5034	5095	5156	5216	5277	5337	5398	5459
17	5519	5580	5640	5701	5761	5822	5882	5943	6003	6064
18	6124	6185	6245	6306	6366	6427	6487	6548	6608	6668
19	6729	6789	6850	6910	6970	7031	7091	7151	7212	7272
720	7332	7393	7453	7513	7574	7634	7694	7755	7815	7875
21	7935	7995	8056	8116	8176	8236	8296	8357	8417	8477
22	8537	8597	8657	8718	8778	8838	8898	8958	9018	9078
23	9138	9198	9258	9318	9378	9438	9498	9559	9619	9679
24	9739	9798	9858	9918	9978					
	86.					0038	0098	0158	0218	0278
725	0338	0398	0458	0518	0578	0637	0697	0757	0817	0877
26	0936	0996	1056	1116	1176	1236	1295	1355	1415	1475
27	1534	1594	1654	1714	1773	1833	1893	1952	2012	2072
28	2131	2191	2251	2310	2370	2430	2489	2549	2608	2668
29	2728	2787	2847	2906	2966	3025	3085	3144	3204	3263
730	3323	3382	3442	3501	3561	3620	3680	3739	3798	3858
31	3917	3977	4036	4096	4155	4214	4274	4333	4392	4452
32	4511	4570	4630	4689	4748	4808	4867	4926	4985	5045
33	5104	5163	5222	5282	5341	5400	5459	5518	5578	5637
34	5696	5755	5814	5873	5933	5992	6051	6110	6169	6228
735	6287	6346	6405	6465	6524	6583	6642	6701	6760	6819
36	6878	6937	6996	7055	7114	7173	7232	7291	7350	7409
37	7467	7526	7585	7644	7703	7762	7821	7880	7939	7997
38	8056	8115	8174	8233	8292	8350	8409	8468	8527	8586
39	8644	8703	8762	8821	8879	8938	8997	9056	9114	9173
740	9232	9290	9349	9408	9466	9525	9584	9642	9701	9760
41	9818	9877	9935	9994						
	87.				0053	0111	0170	0228	0287	0345
42	0404	0462	0521	0579	0638	0696	0755	0813	0872	0930
43	0989	1047	1106	1164	1223	1281	1339	1398	1456	1515
44	1573	1631	1690	1748	1806	1865	1923	1981	2040	2098
745	2156	2215	2273	2331	2389	2448	2506	2564	2622	2681
46	2739	2797	2855	2913	2972	3030	3088	3146	3204	3262
47	3321	3379	3437	3495	3553	3611	3669	3727	3785	3843
48	3902	3960	4018	4076	4134	4192	4250	4308	4366	4424
49	4482	4540	4598	4656	4714	4772	4830	4887	4945	5003
N.	0	1	2	3	4	5	6	7	8	9

N.	0	1	2	3	4	5	6	7	8	9
750	87.5061	5119	5177	5235	5293	5351	5409	5466	5524	5582
51	5640	5698	5756	5813	5871	5929	5987	6045	6102	6160
52	6218	6276	6333	6391	6449	6506	6564	6622	6680	6737
53	6795	6853	6910	6968	7026	7083	7141	7198	7256	7314
54	7371	7429	7486	7544	7602	7659	7717	7774	7832	7889
755	7947	8004	8062	8119	8177	8234	8292	8349	8407	8464
56	8522	8579	8637	8694	8751	8809	8866	8924	8981	9038
57	9096	9153	9211	9268	9325	9383	9440	9497	9555	9612
58	9669	9726	9784	9841	9898	9956				
	88.						0013	0070	0127	0185
59	0242	0299	0356	0413	0471	0528	0585	0642	0699	0756
760	0814	0871	0928	0985	1042	1099	1156	1213	1270	1328
61	1385	1442	1499	1556	1613	1670	1727	1784	1841	1898
62	1955	2012	2069	2126	2183	2240	2297	2354	2411	2468
63	2524	2581	2638	2695	2752	2809	2866	2923	2980	3036
64	3093	3150	3207	3264	3321	3377	3434	3491	3548	3605
765	3661	3718	3775	3832	3888	3945	4002	4059	4115	4172
66	4229	4285	4342	4399	4455	4512	4569	4625	4682	4739
67	4795	4852	4909	4965	5022	5078	5135	5191	5248	5305
68	5361	5418	5474	5531	5587	5644	5700	5757	5813	5870
69	5926	5983	6039	6096	6152	6209	6265	6321	6378	6434
770	6491	6547	6603	6660	6716	6773	6829	6885	6942	6998
71	7054	7111	7167	7223	7280	7336	7392	7448	7505	7561
72	7617	7674	7730	7786	7842	7898	7955	8011	8067	8123
73	8179	8236	8292	8348	8404	8460	8516	8573	8629	8685
74	8741	8797	8853	8909	8965	9021	9077	9134	9190	9246
775	9302	9358	9414	9470	9526	9582	9638	9694	9750	9806
76	9862	9918	9974							
	89.			0030	0085	0141	0197	0253	0309	0365
77	0421	0477	0533	0589	0644	0700	0756	0812	0870	0924
78	0980	1035	1091	1147	1203	1259	1314	1370	1426	1482
79	1537	1593	1649	1705	1760	1816	1872	1927	1983	2039
780	2095	2150	2206	2262	2317	2373	2428	2484	2540	2595
81	2651	2707	2762	2818	2873	2929	2985	3040	3096	3151
82	3207	3262	3318	3373	3429	3484	3540	3595	3651	3706
83	3762	3817	3873	3928	3984	4039	4094	4150	4205	4261
84	4316	4371	4427	4482	4538	4593	4648	4704	4759	4814
785	4870	4925	4980	5036	5091	5146	5201	5257	5312	5367
86	5423	5478	5533	5588	5643	5699	5754	5809	5864	5919
87	5975	6030	6085	6140	6195	6251	6306	6361	6416	6471
88	6526	6581	6636	6691	6747	6802	6857	6912	6967	7022
89	7077	7132	7187	7242	7297	7352	7407	7462	7517	7572
790	7627	7682	7737	7792	7847	7902	7957	8012	8067	8122
91	8176	8231	8286	8341	8396	8451	8506	8561	8615	8670
92	8725	8780	8835	8890	8944	8999	9054	9109	9164	9218
93	9273	9328	9383	9437	9492	9547	9602	9656	9711	9766
94	9821	9875	9930	9985						
	90.				0039	0094	0149	0203	0258	0312
795	0367	0422	0476	0531	0586	0640	0695	0749	0804	0858
96	0913	0968	1022	1077	1131	1186	1240	1295	1349	1404
97	1458	1513	1567	1622	1676	1731	1785	1840	1894	1948
98	2003	2057	2112	2166	2220	2275	2329	2384	2438	2492
99	2547	2601	2655	2710	2764	2818	2873	2927	2981	3036
N.	0	1	2	3	4	5	6	7	8	9

N.	0	1	2	3	4	5	6	7	8	9
800	90.3090	3144	3198	3253	3307	3361	3416	3470	3524	3578
01	3633	3687	3741	3795	3849	3903	3958	4012	4066	4120
02	4174	4228	4283	4337	4391	4445	4499	4553	4607	4661
03	4716	4770	4824	4878	4932	4986	5040	5094	5148	5202
04	5256	5310	5364	5418	5472	5526	5580	5634	5688	5742
805	5796	5850	5904	5958	6012	6066	6119	6173	6227	6281
06	6335	6389	6443	6497	6550	6604	6658	6712	6766	6820
07	6874	6927	6981	7035	7089	7142	7196	7250	7304	7358
08	7411	7465	7519	7573	7626	7680	7734	7787	7841	7895
09	7949	8002	8056	8109	8163	8217	8270	8324	8378	8431
810	8485	8539	8592	8646	8699	8753	8807	8860	8914	8967
11	9021	9074	9128	9181	9235	9288	9342	9395	9449	9502
12	9556	9609	9663	9716	9770	9823	9877	9930	9984	
	91.									0037
13	0091	0144	0197	0251	0304	0358	0411	0464	0518	0571
14	0624	0678	0731	0784	0838	0891	0944	0998	1051	1104
815	1158	1211	1264	1317	1371	1424	1477	1530	1584	1637
16	1690	1743	1797	1850	1903	1956	2009	2063	2116	2169
17	2222	2275	2328	2381	2435	2488	2541	2594	2647	2700
18	2753	2806	2859	2913	2966	3019	3072	3125	3178	3231
19	3284	3337	3390	3443	3496	3549	3602	3655	3708	3761
820	3814	3867	3920	3973	4026	4079	4131	4184	4237	4290
21	4343	4396	4449	4502	4555	4608	4660	4713	4766	4819
22	4872	4925	4977	5030	5083	5136	5189	5241	5294	5347
23	5400	5453	5505	5558	5611	5664	5716	5769	5822	5874
24	5927	5980	6033	6085	6138	6191	6243	6296	6349	6401
825	6454	6507	6559	6612	6664	6717	6770	6822	6875	6927
26	6980	7033	7085	7138	7190	7243	7295	7348	7400	7453
27	7506	7558	7610	7663	7715	7768	7820	7873	7925	7978
28	8030	8083	8135	8188	8240	8292	8345	8397	8450	8502
29	8555	8607	8659	8712	8764	8816	8869	8921	8973	9026
830	9078	9130	9183	9235	9287	9340	9392	9444	9496	9549
31	9601	9653	9705	9758	9810	9862	9914	9967		
	92.								0019	0071
32	0123	0175	0228	0280	0332	0384	0436	0489	0541	0593
33	0645	0697	0749	0801	0853	0906	0958	1010	1062	1114
34	1166	1218	1270	1322	1374	1426	1478	1530	1582	1634
835	1686	1738	1790	1842	1894	1946	1998	2050	2102	2154
36	2206	2258	2310	2362	2414	2466	2518	2570	2622	2674
37	2725	2777	2829	2881	2933	2985	3037	3088	3140	3192
38	3244	3296	3348	3399	3451	3503	3555	3607	3658	3710
39	3762	3814	3865	3917	3969	4021	4072	4124	4176	4228
840	4279	4331	4383	4434	4486	4538	4589	4641	4693	4744
41	4796	4848	4899	4951	5002	5054	5106	5157	5209	5260
42	5312	5364	5415	5467	5518	5570	5621	5673	5724	5776
43	5828	5879	5931	5982	6034	6085	6137	6188	6239	6291
44	6342	6394	6445	6497	6548	6600	6651	6702	6754	6805
845	6857	6908	6959	7011	7062	7114	7165	7216	7268	7319
46	7370	7422	7473	7524	7576	7627	7678	7730	7781	7832
47	7883	7935	7986	8037	8088	8140	8191	8242	8293	8345
48	8396	8447	8498	8549	8601	8652	8703	8754	8805	8856
49	8908	8959	9010	9061	9112	9163	9214	9266	9317	9368
N.	0	1	2	3	4	5	6	7	8	9

N.	0	1	2	3	4	5	6	7	8	9
850	92.9419	9470	9521	9572	9623	9674	9725	9776	9827	9878
51	9930	9981								
	93.		0032	0083	0134	0185	0236	0287	0338	0389
52	0440	0491	0541	0592	0643	0694	0745	0796	0847	0898
53	0949	1000	1051	1102	1153	1203	1254	1305	1356	1407
54	1458	1509	1560	1610	1661	1712	1763	1814	1864	1915
855	1966	2017	2068	2118	2169	2220	2271	2321	2372	2423
56	2474	2524	2575	2626	2677	2727	2778	2829	2879	2930
57	2981	3031	3082	3133	3183	3234	3285	3335	3386	3437
58	3487	3538	3588	3639	3690	3740	3791	3841	3892	3943
59	3993	4044	4094	4145	4195	4246	4296	4347	4397	4448
860	4498	4549	4599	4650	4700	4751	4801	4852	4902	4953
61	5003	5054	5104	5154	5205	5255	5306	5356	5406	5457
62	5507	5558	5608	5658	5709	5759	5809	5860	5910	5960
63	6011	6061	6111	6162	6212	6262	6313	6363	6413	6463
64	6514	6564	6614	6664	6715	6765	6815	6865	6916	6966
865	7016	7066	7116	7167	7217	7267	7317	7367	7418	7468
66	7518	7568	7618	7668	7718	7769	7819	7869	7919	7969
67	8019	8069	8119	8169	8219	8269	8319	8370	8420	8470
68	8520	8570	8620	8670	8720	8770	8820	8870	8920	8970
69	9020	9070	9120	9170	9220	9270	9319	9369	9419	9469
870	9519	9569	9619	9669	9719	9769	9819	9868	9918	9968
71	94.0018	0068	0118	0168	0218	0267	0317	0367	0417	0467
72	0516	0566	0616	0666	0716	0765	0815	0865	0915	0964
73	1014	1064	1114	1163	1213	1263	1313	1362	1412	1462
74	1511	1561	1611	1660	1710	1760	1809	1859	1909	1958
875	2008	2058	2107	2157	2206	2256	2306	2355	2405	2454
76	2504	2554	2603	2653	2702	2752	2801	2851	2900	2950
77	3000	3049	3099	3148	3198	3247	3297	3346	3396	3445
78	3495	3544	3593	3643	3692	3742	3791	3841	3890	3939
79	3989	4038	4088	4137	4186	4236	4285	4335	4384	4433
880	4483	4532	4581	4631	4680	4729	4778	4828	4877	4927
81	4976	5025	5074	5124	5173	5222	5272	5321	5370	5419
82	5469	5518	5567	5616	5665	5715	5764	5813	5862	5911
83	5961	6010	6059	6108	6157	6207	6256	6305	6354	6403
84	6452	6501	6550	6600	6649	6698	6747	6796	6845	6894
885	6943	6992	7041	7090	7139	7189	7238	7287	7336	7385
86	7434	7483	7532	7581	7630	7679	7728	7777	7826	7875
87	7924	7973	8022	8070	8119	8168	8217	8266	8315	8364
88	8413	8462	8511	8560	8608	8657	8706	8755	8804	8853
89	8902	8951	8999	9048	9097	9146	9195	9234	9292	9341
890	9390	9439	9488	9536	9585	9634	9683	9731	9780	9829
91	9878	9926	9975							
	95.			0024	0073	0121	0170	0219	0267	0316
92	0365	0413	0462	0511	0560	0608	0657	0705	0754	0803
93	0851	0900	0949	0997	1046	1095	1143	1192	1240	1289
94	1338	1386	1435	1483	1532	1580	1629	1677	1726	1774
895	1823	1872	1920	1969	2017	2066	2114	2163	2211	2259
96	2308	2356	2405	2453	2502	2550	2599	2647	2696	2744
97	2792	2841	2889	2938	2986	3034	3083	3131	3180	3228
98	3276	3325	3373	3421	3470	3518	3566	3615	3663	3711
99	3760	3808	3856	3905	3953	4001	4049	4098	4146	4194
N.	0	1	2	3	4	5	6	7	8	9

N.	0	1	2	3	4	5	6	7	8	9
900	95.4243	4291	4339	4387	4435	4484	4532	4580	4628	4677
01	4725	4773	4821	4869	4918	4966	5014	5062	5110	5158
02	5207	5255	5303	5351	5399	5447	5495	5543	5592	5640
03	5688	5736	5784	5832	5880	5928	5976	6024	6072	6120
04	6168	6216	6264	6312	6361	6409	6457	6505	6553	6601
905	6649	6697	6744	6792	6840	6888	6936	6984	7032	7080
06	7128	7176	7224	7272	7320	7369	7416	7464	7511	7559
07	7607	7655	7703	7751	7799	7847	7894	7942	7990	8038
08	8086	8134	8181	8229	8277	8325	8373	8420	8468	8516
09	8564	8612	8659	8707	8755	8803	8850	8898	8946	8994
910	9041	9089	9137	9184	9232	9280	9328	9375	9423	9471
11	9518	9566	9614	9661	9709	9757	9804	9852	9900	9947
12	9995	(96.) 0042	0090	0138	0185	0233	0280	0328	0376	0423
13	0471	0518	0566	0613	0661	0709	0756	0804	0851	0899
14	0946	0994	1041	1089	1136	1184	1231	1279	1326	1374
915	1421	1469	1516	1563	1611	1658	1706	1753	1801	1848
16	1895	1943	1990	2038	2085	2132	2180	2227	2275	2322
17	2369	2417	2464	2511	2559	2606	2653	2701	2748	2795
18	2843	2890	2937	2985	3032	3079	3126	3174	3221	3268
19	3316	3363	3410	3457	3504	3552	3599	3646	3693	3741
920	3788	3835	3882	3929	3977	4024	4071	4118	4165	4212
21	4260	4307	4354	4401	4448	4495	4542	4590	4637	4684
22	4731	4778	4825	4872	4919	4966	5013	5060	5108	5155
23	5202	5249	5296	5343	5390	5437	5484	5531	5578	5625
24	5672	5719	5766	5813	5860	5907	5954	6001	6048	6095
925	6142	6189	6236	6283	6329	6376	6423	6470	6517	6564
26	6611	6658	6705	6752	6798	6845	6892	6939	6986	7033
27	7080	7127	7173	7220	7267	7314	7361	7408	7454	7501
28	7548	7595	7642	7688	7735	7782	7829	7875	7922	7969
29	8016	8062	8109	8156	8203	8249	8296	8343	8389	8436
930	8483	8530	8576	8623	8670	8716	8763	8810	8856	8903
31	8950	8996	9043	9090	9136	9183	9229	9276	9323	9369
32	9416	9462	9509	9556	9602	9649	9695	9742	9788	9835
33	9882	9928	9975	(97.) 0021	0068	0114	0161	0207	0254	0300
34	0347	0393	0440	0486	0533	0579	0626	0672	0719	0765
035	0812	0858	0904	0951	0997	1044	1090	1137	1183	1229
36	1276	1322	1369	1415	1461	1508	1554	1600	1647	1693
37	1740	1786	1832	1879	1925	1971	2018	2064	2110	2156
38	2203	2249	2295	2342	2388	2434	2480	2527	2573	2619
39	2666	2712	2758	2804	2851	2897	2943	2989	3035	3082
940	3128	3174	3220	3266	3313	3359	3405	3451	3497	3543
41	3590	3636	3682	3728	3774	3820	3866	3913	3959	4005
42	4051	4097	4143	4189	4235	4281	4327	4373	4420	4466
43	4512	4558	4604	4650	4696	4742	4788	4834	4880	4926
44	4972	5018	5064	5110	5156	5202	5248	5294	5340	5386
945	5432	5478	5524	5570	5616	5661	5707	5753	5799	5845
46	5891	5937	5983	6029	6075	6121	6166	6212	6258	6304
47	6350	6396	6442	6487	6533	6579	6625	6671	6717	6762
48	6808	6854	6900	6946	6991	7037	7083	7129	7175	7220
49	7266	7312	7358	7403	7449	7495	7541	7586	7632	7678

N.	0	1	2	3	4	5	6	7	8	9
950	97.7724	7769	7815	7861	7906	7952	7998	8043	8089	8135
51	8180	8226	8272	8317	8363	8409	8454	8500	8546	8591
52	8637	8683	8728	8774	8819	8865	8911	8956	9002	9047
53	9093	9138	9184	9230	9275	9321	9366	9412	9457	9503
54	9548	9594	9639	9685	9730	9776	9821	9867	9912	9958
955	98.0003	0049	0094	0140	0185	0231	0276	0322	0367	0412
56	0458	0503	0549	0594	0640	0685	0730	0776	0821	0867
57	0912	0957	1003	1048	1093	1139	1184	1229	1275	1320
58	1366	1411	1456	1501	1547	1592	1637	1683	1728	1773
59	1819	1864	1909	1954	2000	2045	2090	2135	2181	2226
960	2271	2316	2362	2407	2452	2497	2543	2588	2633	2678
61	2723	2769	2814	2859	2904	2949	2994	3040	3085	3130
62	3175	3220	3265	3310	3356	3401	3446	3491	3536	3581
63	3626	3671	3716	3762	3807	3852	3897	3942	3987	4032
64	4077	4122	4167	4212	4257	4302	4347	4392	4437	4482
965	4527	4572	4617	4662	4707	4752	4797	4842	4887	4932
66	4977	5022	5067	5112	5157	5202	5247	5292	5337	5382
67	5426	5471	5516	5561	5606	5651	5696	5741	5786	5830
68	5875	5920	5961	6010	6055	6100	6144	6189	6234	6279
69	6324	6369	6413	6458	6503	6548	6593	6637	6682	6727
970	6772	6816	6861	6906	6951	6995	7040	7085	7130	7174
71	7219	7264	7309	7353	7398	7443	7487	7532	7577	7622
72	7666	7711	7756	7800	7845	7890	7934	7979	8024	8068
73	8113	8157	8202	8247	8291	8336	8381	8425	8470	8514
74	8559	8605	8648	8693	8737	8782	8826	8871	8915	8960
975	9005	9049	9094	9138	9183	9227	9272	9316	9361	9405
76	9450	9494	9539	9583	9628	9672	9717	9761	9806	9850
77	9895	9939	9983	(99.) 0028	0072	0117	0161	0206	0250	0294
78	0339	0383	0428	0472	0516	0561	0605	0650	0694	0738
79	0783	0827	0871	0916	0960	1004	1049	1093	1137	1182
980	1226	1270	1315	1359	1403	1448	1492	1536	1580	1625
81	1669	1713	1757	1802	1846	1890	1934	1979	2023	2067
82	2111	2156	2200	2244	2288	2333	2377	2421	2465	2509
83	2554	2598	2642	2686	2730	2774	2818	2862	2907	2951
84	2995	3039	3083	3127	3172	3216	3260	3304	3348	3392
985	3436	3480	3524	3568	3613	3657	3701	3745	3789	3833
86	3877	3921	3965	4009	4053	4097	4141	4185	4229	4273
87	4317	4361	4405	4449	4493	4537	4581	4625	4669	4713
88	4757	4801	4845	4889	4933	4977	5021	5064	5108	5152
89	5196	5240	5284	5328	5372	5416	5460	5504	5547	5591
990	5635	5679	5723	5767	5811	5854	5898	5942	5986	6030
91	6074	6117	6161	6205	6249	6293	6336	6380	6424	6468
92	6512	6555	6599	6643	6687	6730	6774	6818	6862	6905
93	6949	6993	7037	7080	7124	7168	7212	7255	7299	7343
94	7386	7430	7474	7517	7561	7605	7648	7692	7736	7779
995	7823	7867	7910	7954	7998	8041	8085	8128	8172	8216
96	8259	8303	8346	8390	8434	8477	8521	8564	8608	8652
97	8695	8739	8782	8826	8869	8913	8956	9000	9043	9087
98	9131	9174	9218	9261	9305	9348	9392	9435	9478	9522
99	9565	9609	9652	9696	9739	9783	9826	9870	9913	9957

N.	0	1	2	3	4	5	6	7	8	9	N.	0	1	2	3	4	5	6	7	8	9